新元素・新技術

進化的壽司料理

日本知名『壽司雜誌』特別版
人氣店最新款壽司料理大集合

瑞昇文化

目次

【『壽司雜誌』特別版】

新元素・新技術 進化的壽司料理

人氣店的最新款壽司及壽司料理大集合

江戸前壽司 進化論

押壽司、壽司捲、散壽司、創意壽司 進化論

壽司料理 進化論

新・生魚片料理

人氣店的創意壽司料理

讓美味更美味

壽司沾醬、淋醬、醬凍&新風味漬壽司

壽司料理進化論 製作方法

江戶前壽司進化論

在傳統推演過程中，被一路傳承下來的江戶前壽司。時至今日，更誕生了結合江戶前壽司及充滿現代元素魅力的新型態壽司。以不同以往的烹調技術，搭配既有的壽司食材，甚至融入嶄新素材、選用口感迥異的淋醬或沾醬⋯。精準掌握現代人的喜好及需求，經過進化洗禮的壽司可是博得滿堂彩。

※ 各店家的地址及電話刊載於 118～119 頁。

姬沙羅

店家以北海道食材為中心，將江戶前壽司結合化學觀點理論，使其發揚光大。除了講究壽司食材的熟成時間長短，更充分融合壽司飯、醋、醬油的搭配，打造整體風味。姬沙羅—正是當今備受注目的壽司名店。

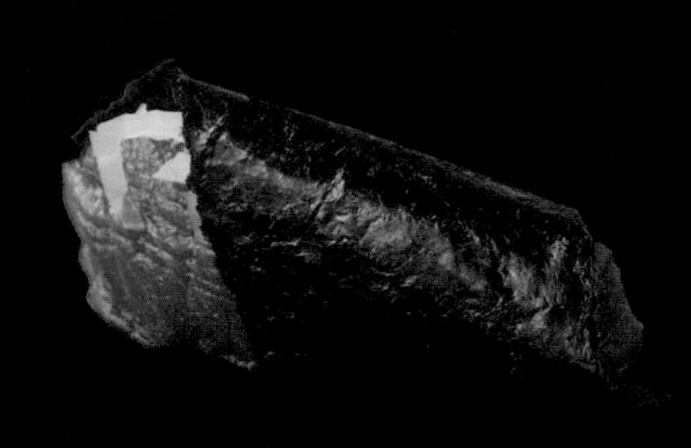

鮪魚中腹肉

下刀將中腹肉的魚筋斷開，淋上壽司醬油＊。以餐巾紙吸乾多餘的醬油，於中腹肉放上生薑，並以香氣較為強烈的海苔捲起後，供客人品嘗。

生薑的口感及辣味與中腹肉的油脂極為搭配。

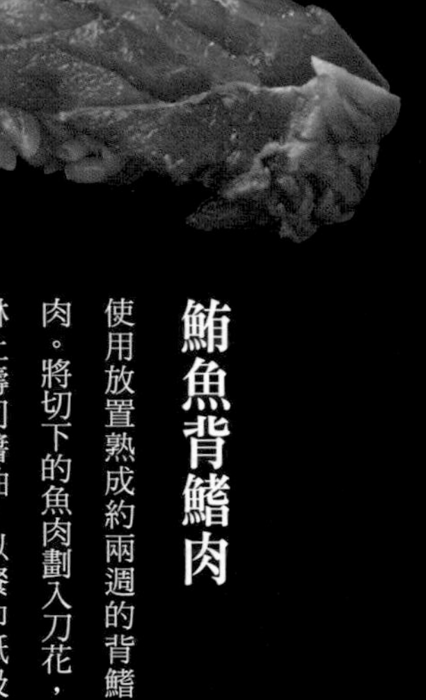

鮪魚背鰭肉

使用放置熟成約兩週的背鰭肉。將切下的魚肉劃入刀花，淋上壽司醬油，以餐巾紙吸乾多餘的醬油後，捏握成壽司。頂級的鮮味及口感表現可是能讓客人陶醉其中。

鰹魚

將鰹魚浸漬兩小時左右，接著放置一天再拿出使用。捏握壽司時，不使用山葵，而是改以日式黃芥末佐味。將生薑擺放於鰹魚上，最後再滴上蒜味醬油。

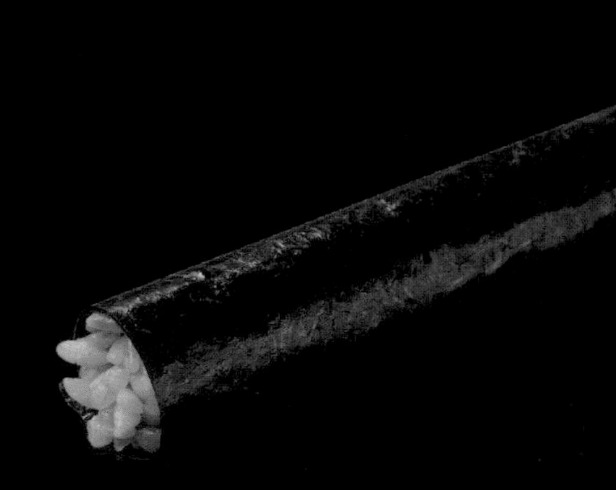

素捲

套餐中最先上桌的手捲壽司。不添加壽司食材，僅以紅醋壽司飯、山葵搭配有明灣的海苔。美味，就是要從純粹的味道開始品嘗。

※壽司醬油：日文為「煮切り（[illegible]）油」，[illegible]加熱使酒精成分揮發製成的醬油。

姬沙羅的商標文字充滿創意並登錄有案，展現出店家對壽司的想法。

海膽

套餐中最後登場的海膽壽司。以稀釋過的紅醋製作壽司飯，並在飯上擺放大量海膽。將海膽與壽司飯混合後品嘗，會呈現出猶如燉飯的口感。

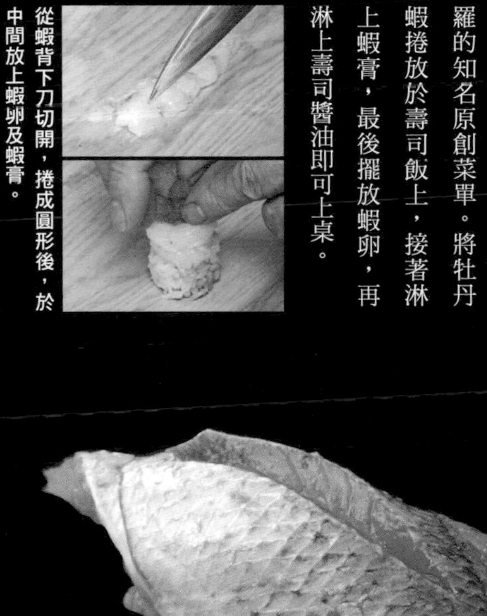

牡丹蝦

已取得日本設計專利，姬沙羅的知名原創菜單。將牡丹蝦捲放於壽司飯上，接著淋上蝦膏，最後擺放蝦卵，再淋上壽司醬油即可上桌。

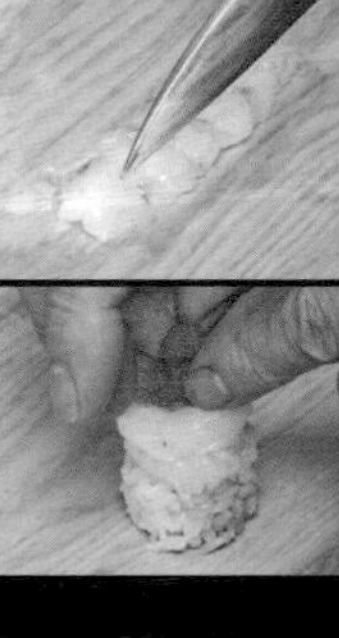

從蝦背下刀切開，捲成圓形後，於中間放上蝦卵及蝦膏。

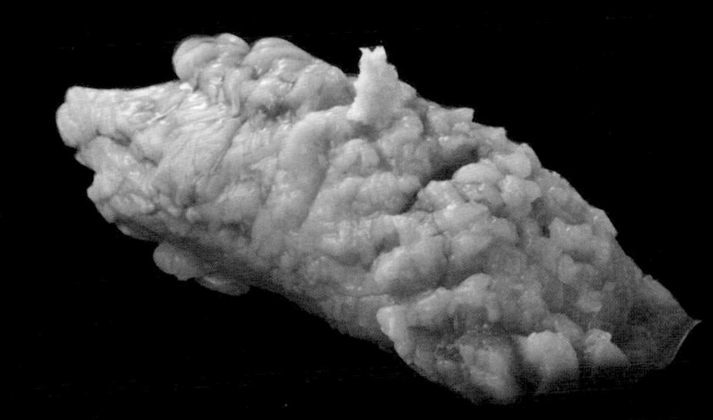

北寄貝

在料理北寄貝時，若以熱水汆燙，就能增加甜味。為了讓客人在品嘗時，能夠感受到壽司飯與北寄貝合而為一的美味，店家選擇先以刀刃拍剁北寄貝的背面後，再進行捏製。最後淋上壽司醬油，並放上生薑。

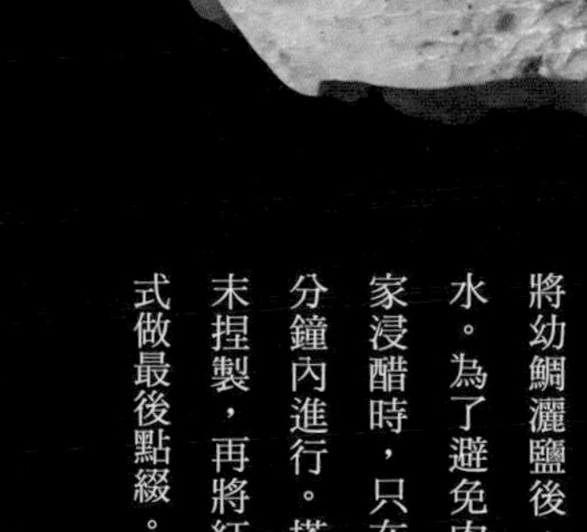

幼鯛

將幼鯛灑鹽後，迅速過個熱水。為了避免肉質過硬，店家浸醋時，只在捏製前的數分鐘內進行。搭配日式黃芥末捏製，再將紅醋以噴霧方式做最後點綴。

愛知・西尾

鮨処 きく寿司

無論是壽司食材或稻米等材料，店家在提供壽司的同時，也對愛知縣的自產自銷極為堅持。推出的料理不僅能感受到一年四季的變化，更融合了節慶活動的熱鬧氛圍，深受廣大客群的支持。

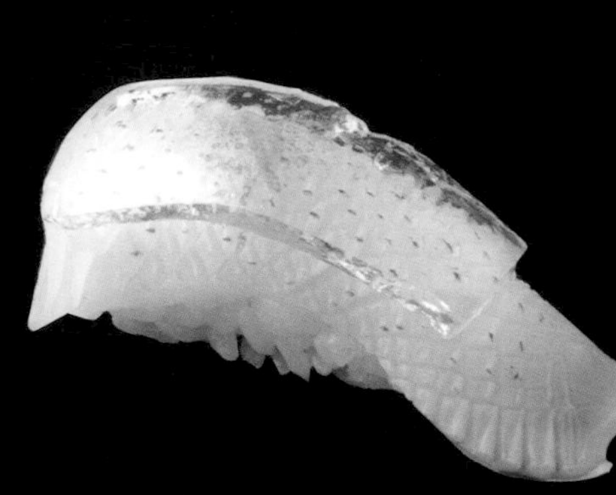

赤魷

使用在地西尾捕獲的赤魷。在赤魷表面劃刀，稍微以火炙燒後捏握成壽司，讓客人品嘗時更易入口。最後，覆蓋透明的魚膠凍後，再撒上抹茶鹽。

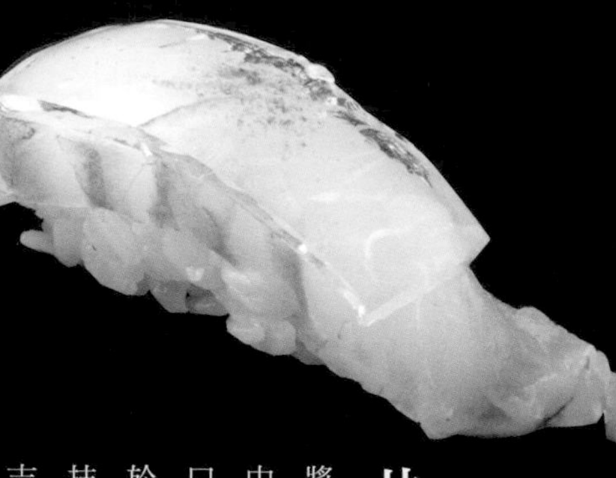

比目魚

將臭橙夾入西尾產的比目魚中，並放上魚膠凍。不僅爽口，口感更是滿分。最後再於上方撒些利用西尾特產的抹茶，以及曾經有過鹽田的吉良之鹽所製成的抹茶鹽。

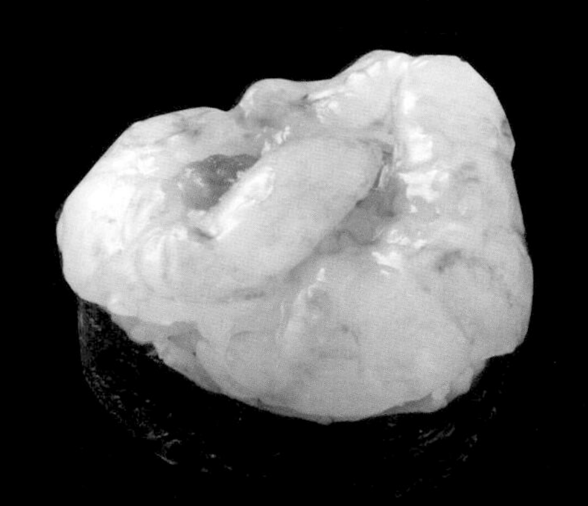

牡丹蝦

能品嘗到一隻完整牡丹蝦美味的軍艦捲。此壽司最大的賣點，在於牡丹蝦對切開來後，於其下方置入蝦膏，並將蝦身捲曲製成。

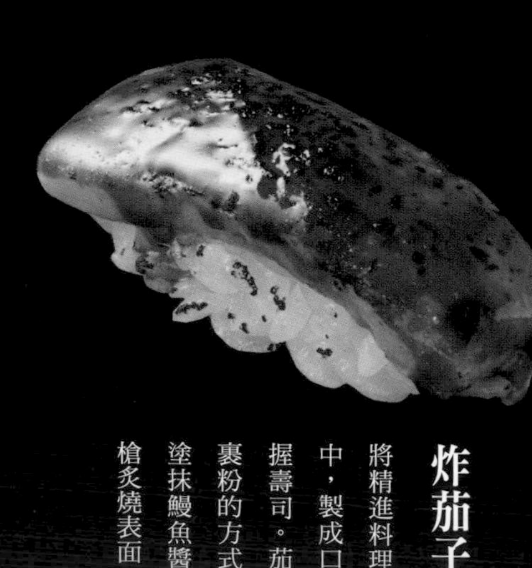

炸茄子

將精進料理的手法融入壽司中，製成口感可比擬鰻魚的握壽司。茄子削皮後，以不裹粉的方式直接油炸，接著塗抹鰻魚醬汁，最後再以噴槍炙燒表面。

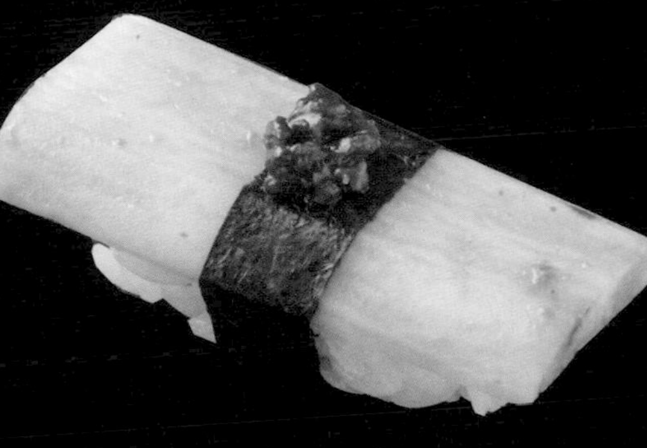

味噌漬山藥

能夠充分享受味道變化的蔬菜類壽司。將山藥醃漬於混有酒、砂糖及生薑的味噌床內一天。以海苔裹付後，於其上放置蔥佐味噌，即可上桌。

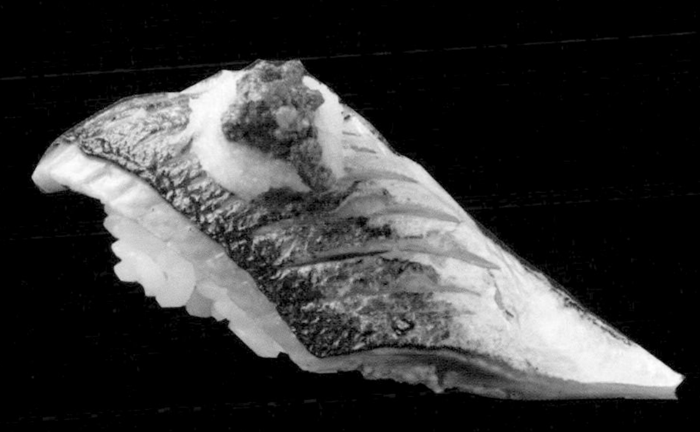

秋刀佐魚肝

將秋刀魚表面劃刀並稍微炙燒。以搗缽研磨魚肝，並入酒燒乾。接著再將以醬油調味完成的魚肝及蘿蔔泥一同置於秋刀魚上，便可完成相當受歡迎的秋季握壽司料理。

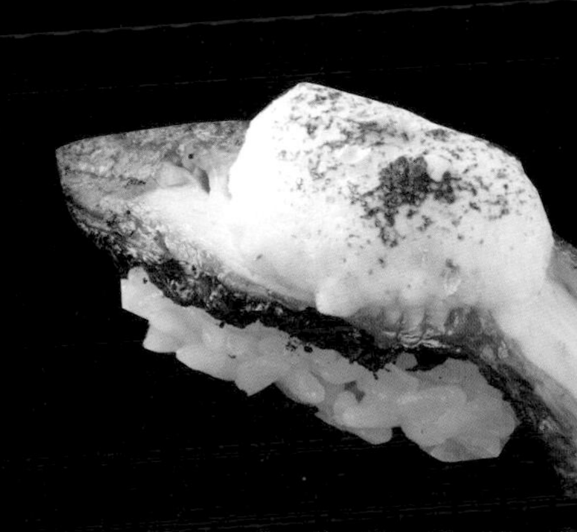

鰻魚

使用名聲極為響亮，在地的西尾一色產鰻魚。將結合山藥泥與蛋白製成，口感綿密的蛋白霜置於鰻魚上方，並炙燒加熱，呈現出嶄新口感。最後再灑點山椒，即可上桌。

合鴨握壽司

以稻草炙燒合鴨，使其帶有香氣，接著以鹽調味。放上浸水去除辣味的洋蔥及柚子胡椒碎末，最後滴點臭橙汁，即大功告成。如此一來不僅能減少鴨肉特有的油膩感，更可讓美味加分。

東京・梅丘 寿司の美登利総本店

既是握壽司，又能作為下酒菜享用的壽司料理。店家不僅致力各種口味變化、融合多元食材，在視覺呈現上，更十分講究華麗表現。在延續壽司傳統烹調技術的同時，注入嶄新概念，讓每道握壽司都化身為充滿極致魅力的豪華逸品。

星鰻握壽司

將美登利総本店招牌料理的「全尾星鰻」加以變化而成的握壽司。此料理同時使用直火燒烤及燉煮入味的兩種星鰻，因此能品嘗到截然不同的口感風味。星鰻與壽司飯之間更夾入小黃瓜及柚子做搭配。

牡蠣握壽司

使用廣島名產「極鮮王」牡蠣製成的握壽司。將蒸熟的牡蠣泡漬過後，放上鮮果果肉。接著萃取牡蠣的海水精華並製成慕斯狀後，裝飾於側。

垂釣喜知次握壽司

將垂釣捕獲的網走產喜知次切成薄片，再以充滿昆布風味的高湯快速汆燙後，用三片魚片捏握成壽司。接著將取完高湯的昆布直接油炸，作為盛放握壽司的容器。最後再以勾芡的柚子醋醬汁佐味，即可上桌供客人品嘗。

鮭魚小袖壽司組合

分別以醬油及橄欖油醃漬的鮭魚，捏握而成的小袖壽司組，能讓客人品嘗到不同的鮭魚風味。店家以炸過的鮭魚皮作為擺盤，客人更可將魚皮作為下酒菜享用。

炙燒魚下巴佐松茸握壽司

在壽司飯放上塗醬燒烤過的松茸，接著再以鮪魚下巴肉捏握而成的豪華壽司料理。店家更刻意只將魚下巴前端炙燒加熱，並搭配柚子醋凍，為的就是讓客人品嘗到不同的口感變化。

伊勢龍蝦握壽司

將體型較小的伊勢龍蝦剝殼切半後，捏握成炙燒握壽司及生龍蝦握壽司，並佐上龍蝦膏，讓客人享受不同的龍蝦風味。可說既是握壽司、又是下酒菜的美味料理。

牡丹蝦握壽司

能完整享受到羽幌產牡丹蝦美味的握壽司料理。除了有牡丹蝦蝦膏、蝦卵外，更搭配上炸到酥脆、香氣四溢且極好咀嚼的蝦鬚及蝦頭。作為下酒菜品嘗同樣是種享受。

殼盛毛蟹

將毛蟹蟹腳及身體的蟹肉取出，放置於和鹽水海膽混製的壽司飯上，不僅呈現方式豪華，客人也相對容易品嘗。搭配以土佐醋及扇貝干貝柱精華製成的果凍，店家當然更不忘佐上毛蟹蟹膏，為口感變化上帶來樂趣。

神奈川・川崎
鮨匠 SAKURA

奉『溫故知新』為圭臬，同時將傳統及嶄新元素結合在壽司及料理中。使用從日本各地直送的當季食材，為客人獻上充滿四季風情的珍味。

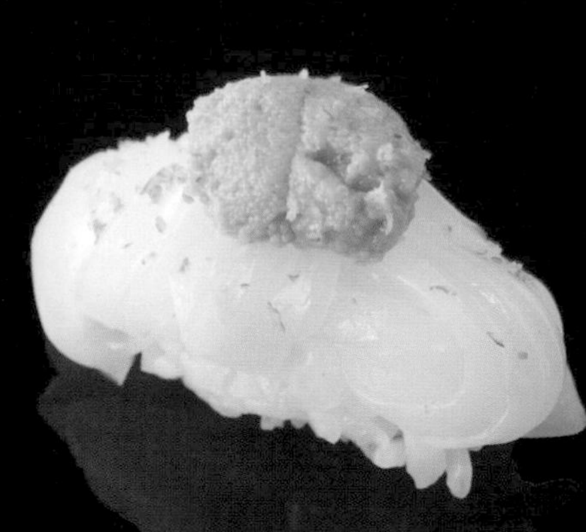

墨烏賊

將墨烏賊佐上北紫海膽，並灑點柚子。店家刻意將墨烏賊細切，不僅讓客人容易咀嚼，更能與海膽充分融合。建議與鹽一同享用。

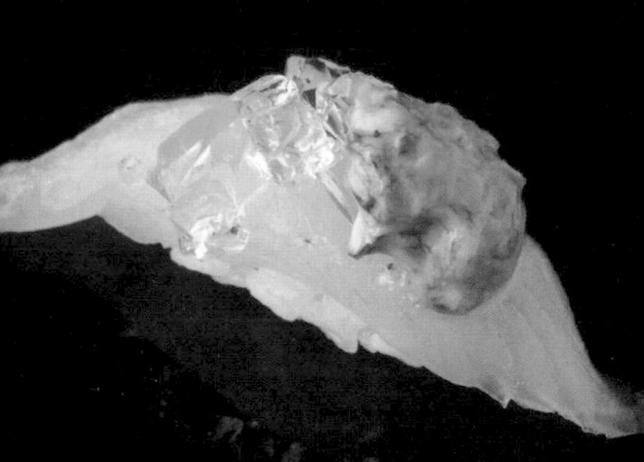

剝皮魚

使用神奈川・三浦半島產的剝皮魚，搭配柚子醋凍及生魚肝。若是使用冬季油脂較豐富的魚肝，店家會先以濾網將魚肝壓成泥狀，不僅能帶出柔順口感，更可去除肝臟特有的腥味。

沙丁魚泥握壽司

該店的招牌料理之一。將沙丁魚、細切的醃蘿蔔及薑泥拌剁碎後，捏握成壽司，並以蘘荷及紫蘇裝飾。品嘗時夾帶醃蘿蔔的獨特口感，是相當受歡迎的握壽司。

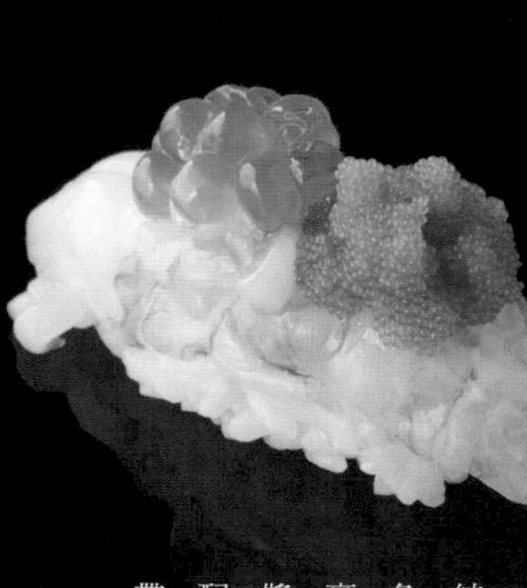

牡丹蝦

結合了牡丹蝦、蝦膏以及鮭魚卵等北海道在地食材。蝦膏中帶有蝦卵、鮭魚卵則以醬油浸漬調味，在兩者的搭配下，更能為牡丹蝦的鮮味帶來深度。

乾煸魚肝

將魚肝乾煸，不僅能去除其特有的腥味，更可增加風味。最後淋上蒜味醬油，帶出香氣，佐以浸水去除辣味的紫洋蔥，成為一道視覺效果滿分的握壽司。

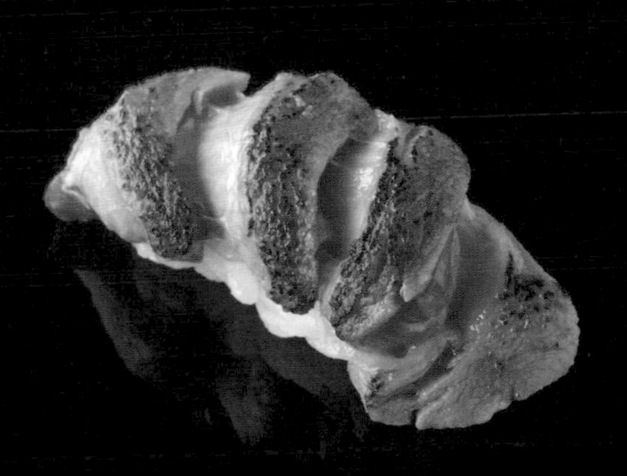

網燒醃漬大腹肉

不使用整塊魚塊，而是片成小塊後，稍微浸漬醬油十分鐘左右。接著更不使用噴槍，而是改以烤網炙燒表面的方式帶出香氣。

昆布漬牡蠣

這道壽司是該店整年幾乎都可品嘗到的人氣料理。以昆布包覆牡蠣的方式，呈現濃郁鮮味。店家在製作時，更講究不用力施壓，藉此帶出柔嫩風味。提供給客人品嘗時，牡蠣還會放上昆布薄片作為搭配。

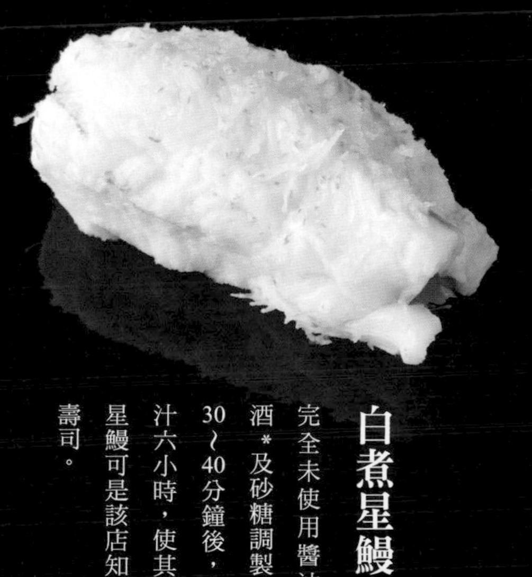

白煮星鰻

完全未使用醬油，僅以赤酒＊及砂糖調製的滷汁燉煮30～40分鐘後，直接浸於湯汁六小時，使其入味。白煮星鰻可是該店知名的一道握壽司。

＊赤酒：以粳米為原料的紅色發酵甜味酒。

東京・銀座
鮨 おじま

將江戶前壽司及日本料理的烹調技術相互融合。再把創意壽司及極富料理價值的蔬菜壽司，穿插搭配於嚴選海鮮魚貨捏握而成的江戶前壽司之間，完全擄獲了饕客們的味蕾。

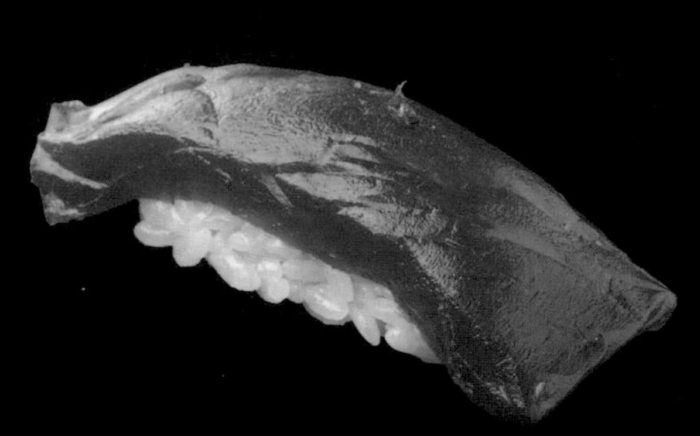

醃漬北方黑鮪

加入以紅醋調和，以及靠青紫蘇碎末增添香氣的醬油醃漬黑鮪赤身。店家會依照產季，選用來自大間出產，於津輕海峽捕獲的北方黑鮪魚。

海膽

使用北海道根室產的海膽。為了讓客人品嘗到海膽本身的風味，店家並未捏握成軍艦捲，而是選擇以整片形狀完整的海膽壽司供客人享用。

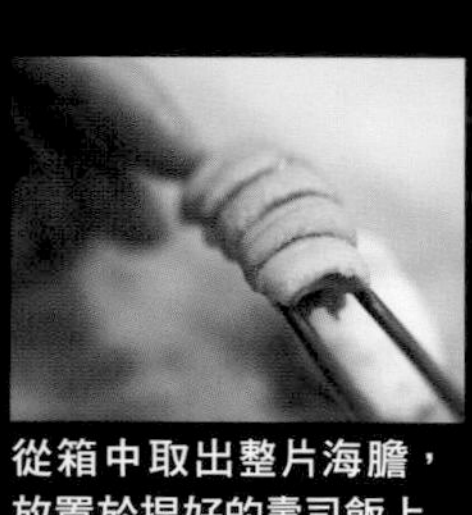

從箱中取出整片海膽，放置於捏好的壽司飯上

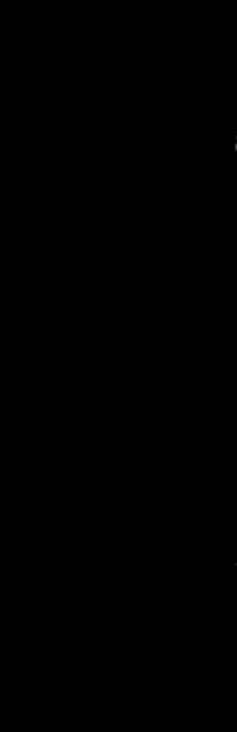

星鰻

選用一條重量少於200g的星鰻。每尾星鰻可捏握成2～3貫，形狀呈馬鞍狀的壽司。店家更建議將星鰻切半，分別以醬汁及鹽味品嘗箇中的不同風味。

鮪魚泥佐麻糬

結合青紫蘇、壽司飯、鮪魚泥及麻糬的獨特細緻壽司。店家選用鮪魚的骨邊肉及碎肉，並混拌切成大塊的醃蘿蔔，保留應有的嚼勁。

赤萬願寺沙羅煮

活用赤萬願寺辣椒既有的甜味及色澤，以高湯、醬油及味醂快火烹煮。沿著壽司飯的形狀，於辣椒表面劃刀，呈現出美麗的形狀。最後在上方撒點柴魚粉，增添鮮味。

昆布漬油菜佐烏魚子

將經過昆布漬處理的油菜切成和其他壽司食材等長的長度，於根部劃刀，讓客人在品嘗時容易咀嚼，並在油菜花穗處撒上烏魚子。

將醃漬於果醋醬油或高湯醬油一晚的下仁田蔥細切，與柴魚絲、白芝麻攪拌均勻，並放置於軍艦捲之上。

下仁田蔥

會出現在某段冬令時節的下仁田蔥軍艦捲。為了帶出下仁田蔥的甜味，店家先以烤箱烤過後，再醃漬於果醋醬油或高湯醬油中。爽淨口感還能清除嘴中的餘味。

銀杏手毬壽司

以銀杏裹製油炸而成的秋季壽司。壽司飯中拌入青紫蘇及白芝麻，以柚子風味的鹽調味後，揉成球狀，是道讓人意想不到的油炸壽司料理。

東京・八王子

鮨 喜奈古

『喜奈古』，堪稱是創意壽司店始祖。捏握壽司資歷長達50年以上的店主・竹之內弘的無菜單料理中，不僅為味覺注入變化元素，更隨興地將烹烤、炙燒、霜降*、創意等，能讓酒一杯接著一杯下肚的壽司料理方式結合。即便所在位置遠離東京都心，卻有許多饕客不遠千里造訪，就為品嘗美味。

X（鮪魚皮邊肉佐海膽）

以鮪魚肚的皮邊肉搭配海膽風味，喜奈古的招牌壽司『X』。口感極佳，可說是絕妙組合。天氣炎熱時，店家更會用冰片夾住皮邊肉，以冰鎮的溫度供客人享用。

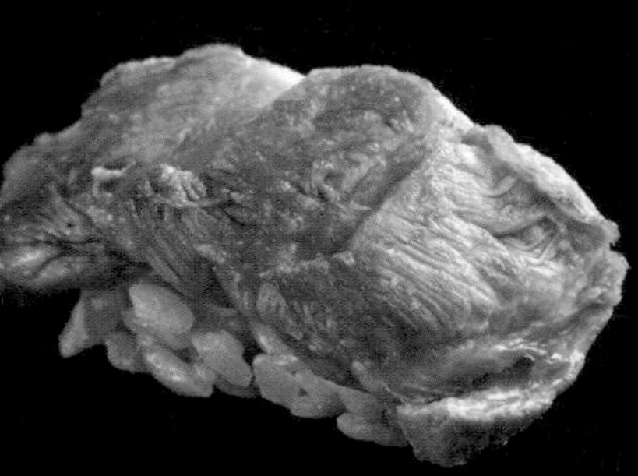

大腹肉魚排

以帶筋的大腹肉作為魚排。經鐵板熱燒後，魚筋將會變得柔軟，讓美味加分。建議搭配醬油及檸檬一同享用。

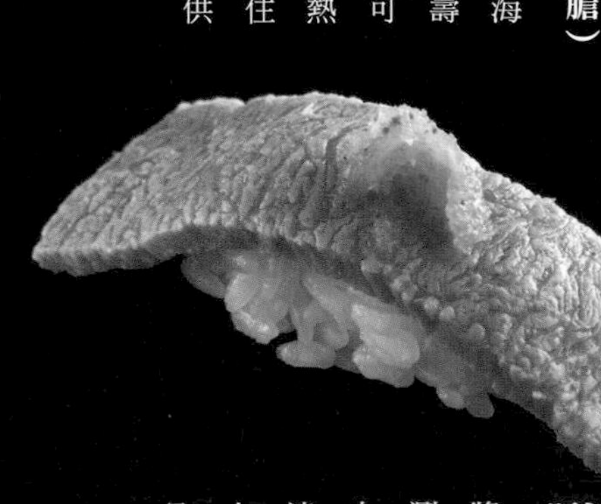

涮燙大腹肉

將大腹肉放入熱水，快速涮去表面油脂後，浸入冰水中。如此一來不僅去除適量的魚肚油脂，再搭配上吸滿鮮露的紅葉泥*，品嘗起來將更為爽口。

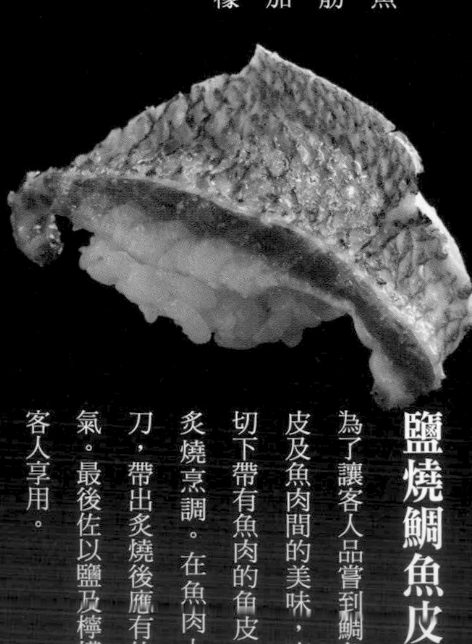

鹽燒鯛魚皮

為了讓客人品嘗到鯛魚魚皮及魚肉間的美味，店家切下帶有魚肉的魚皮，並炙燒烹調。在魚肉上劃刀，帶出炙燒後應有的香氣。最後佐以鹽及檸檬供客人享用。

*霜降：食材以熱[illegible]「紅葉泥」以白蘿蔔搭配辣椒或胡蘿蔔磨製而成的泥狀物。

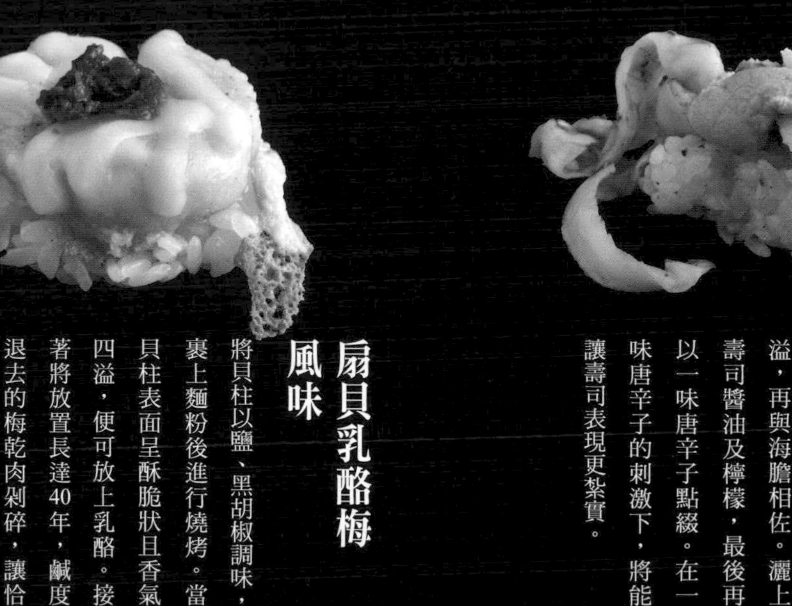

扇貝裙邊佐海膽

炙燒扇貝裙邊使其香氣四溢，再與海膽相佐。灑上壽司醬油及檸檬，最後再以一味唐辛子點綴。在一味唐辛子的刺激下，將能讓壽司表現更紮實。

扇貝乳酪梅風味

將貝柱以鹽、黑胡椒調味，裹上麵粉後進行燒烤。當貝柱表面呈酥脆狀且香氣四溢，便可放上乳酪。接著將放置長達40年，鹹度退去的梅乾肉剁碎，讓恰到好處的酸味達點睛之效。

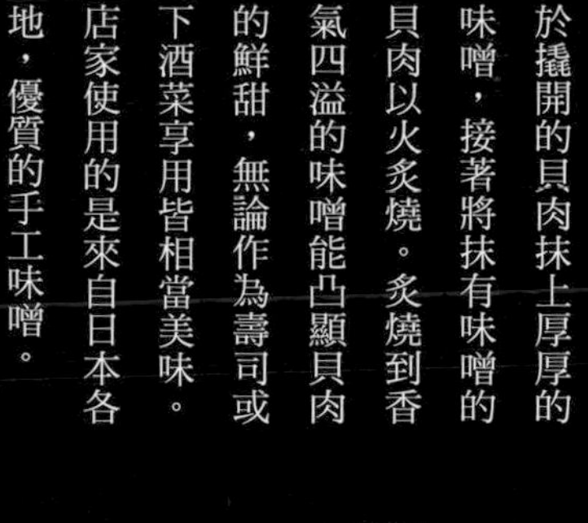

石垣貝味噌燒

於撬開的貝肉抹上厚厚的味噌，接著將抹有味噌的貝肉以火炙燒。炙燒到香氣四溢的味噌能凸顯貝肉的鮮甜，無論作為壽司或下酒菜享用皆相當美味。店家使用的是來自日本各地，優質的手工味噌。

冰鎮星鰻佐柚子胡椒

將以冰水冰鎮過的爽口星鰻，搭配新鮮的自製柚子胡椒調味。以等分量的柚子、青辣椒、鹽製成的柚子胡椒就連聞起來也清爽無比。

將星鰻剝皮，片成薄片後，放入冰水中，藉此洗去鰻肉的腥味。

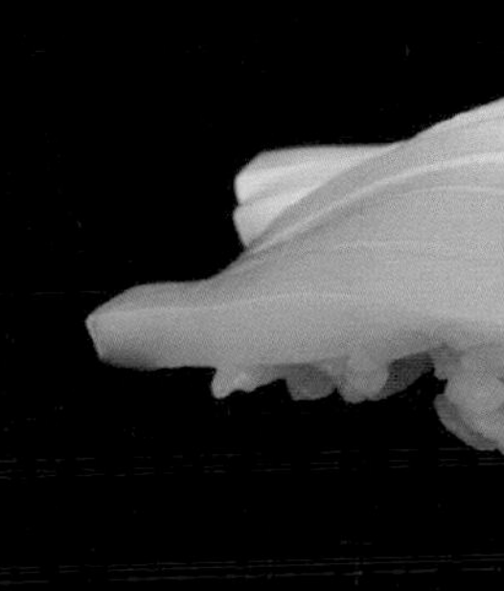

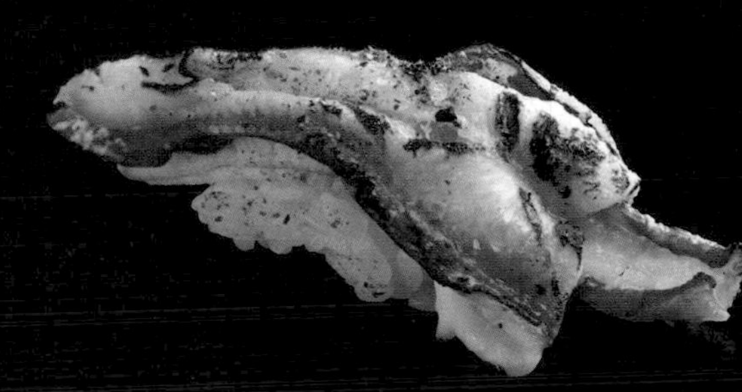

烏賊鮑魚雙肝

使用以鹽入味三週以上的烏賊肝及鮑魚肝。在兩者極致濃郁的結合下，呈現出更具深度的風味。將雙肝抹上切成細絲的赤魷，捏握成壽司。

鹽燒星鰻皮

將剩下的星鰻皮做成另一道壽司。無論是佐鹽燒烤，或是油炸都相當美味。如此一來不僅能避免食材浪費，將帶有焦味的星鰻皮作為下酒菜，更是讓客人歡喜。最後則佐以山椒粉提香。

將星鰻輕剁幾刀，避免燒烤時鰻魚皮捲起，先將帶肉側烤到酥脆。

以「讓客人盡歡」為信條，於傳統的江戸前壽司加入新技術，誕生了充滿季節性的創意壽司。店家更提供適合搭配日本酒或葡萄酒品嘗的壽司，擁有不少忠實饕客。

烏魚子握壽司

將烏魚子浸漬於以燒酒軟化的酒粕中一個月。此舉能讓鹽味變得醇厚，甚至帶有如起司般的軟嫩風味。切成薄片後，捏握成壽司。

炙燒香魚壽司

將香魚沾抹蓼酢，撒鹽後，以炭火炙燒。即便是不太喜歡河魚獨特氣味的客人，炙燒過後的香魚香氣也能使其品嘗到美味。這也是店家開發用來搭配啤酒享用的壽司。

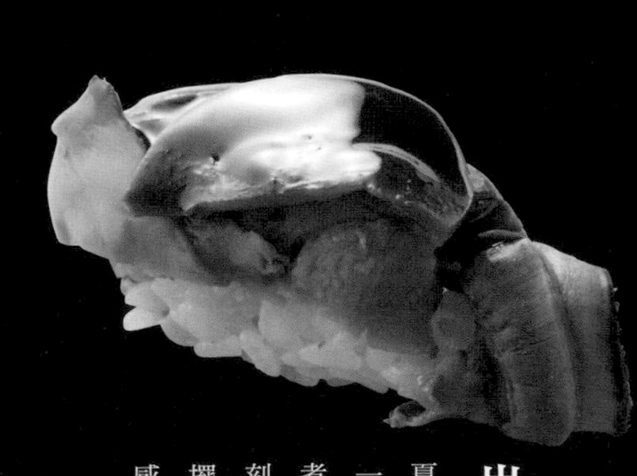

岩牡蠣煮物

夏季菜單中相當受歡迎的一道壽司。以八方高湯烹煮岩牡蠣後，連同鍋子即刻浸入冰塊中冷卻。最後擺上西瓜的奈良漬，為口感注入變化元素。

大腹肉佐蛋白霜醬

蛋白霜是以蛋白混合鮪魚骨髓的魚膠製成，店家可是費盡心思，為的就是能讓客人品嘗到Q彈的口感。最後淋些壽司醬油，即可上桌。

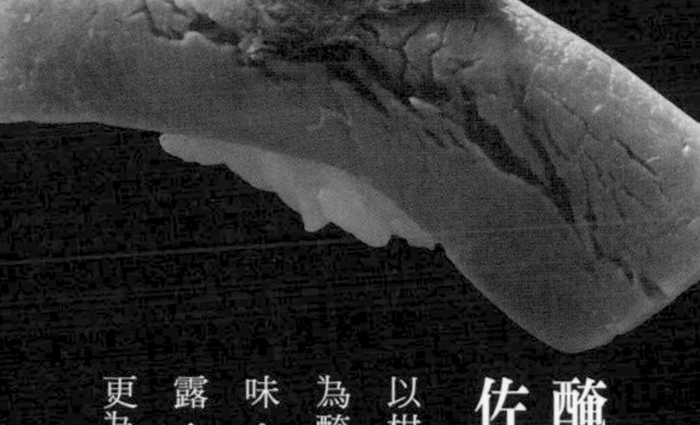

醃漬赤身佐松露

以柑橘類的萊姆與醬油作為醃漬醬汁，呈現清爽風味。最後再於壽司放上松露，不僅充滿高級氛圍，更為壽司口感增添深度。

醃漬烏賊佐松露

將烏賊快速過個熱水，以增加甜度，接著再浸於高湯醬汁（高湯、酒、醬油的比例為2：1：1）中一天。最後擺上松露，展現出奢華氛圍。

蓴菜軍艦捲

以切成長條薄片的小黃瓜取代海苔製成的軍艦捲。於上方放置蓴菜，並抹上燒味噌（味噌及芝麻粉混合炙燒而成）佐味。

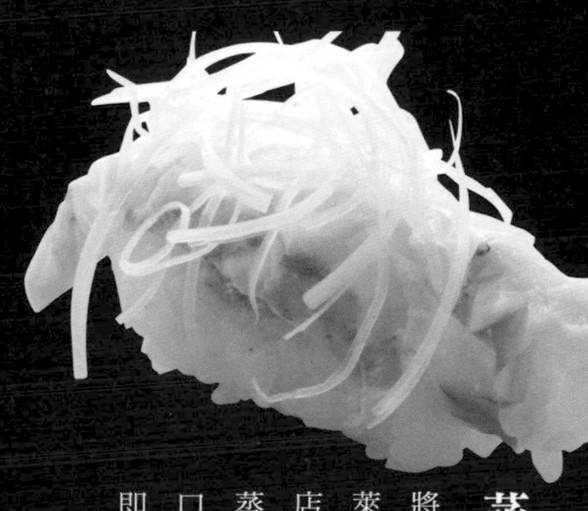

蒸鰈魚

將真子鰈放在昆布上，以萊姆夾住，熱蒸15秒左右。店家的烹調重點在於不可蒸得太熟，要保留柔鬆的口感。最後佐以白髮蔥，即可上桌。

牡丹蝦三色味

將牡丹蝦以三種味道及色彩呈現，可說是充滿奢華享受的握壽司。佐味的分別是牡丹蝦膏、牡丹蝦卵與檸檬，以及土佐醋與蝦膏炙燒醬三種搭配。

北海道・札幌

金寿司

除了使用取自北海道的新鮮漁獲，更集結來自日本各地魚市場的海鮮，提供多彩的當季風味。「無菜單料理」雖然不含酒類，但店家仍站在能作為酒肴享受的角度，提供美味的壽司料理。

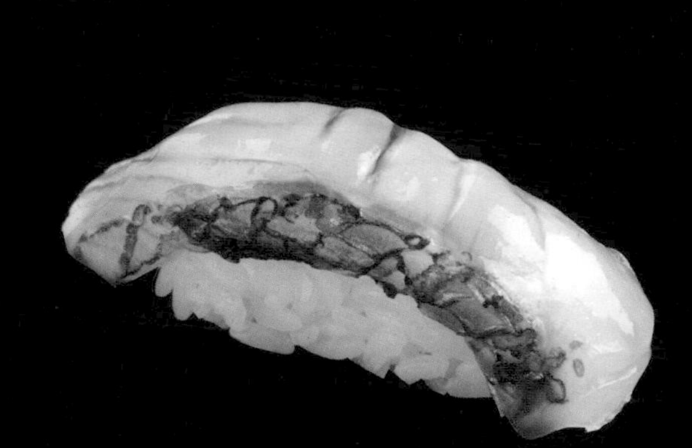

鯛魚

第一貫就是既清爽，卻又讓人感到衝擊的壽司。將產自愛媛縣的真鯛以鹽入味三天，捏握成壽司時，僅將帶皮處快速炙燒出香氣，藉此呈現魚皮的鮮味。

比目魚

使用以山椒粒入味的昆布佃煮搭配山椒葉取代山葵，捏握成壽司。比目魚的甜，加上山椒葉的香及佃煮的口感，呈現出風味多元的一道料理。

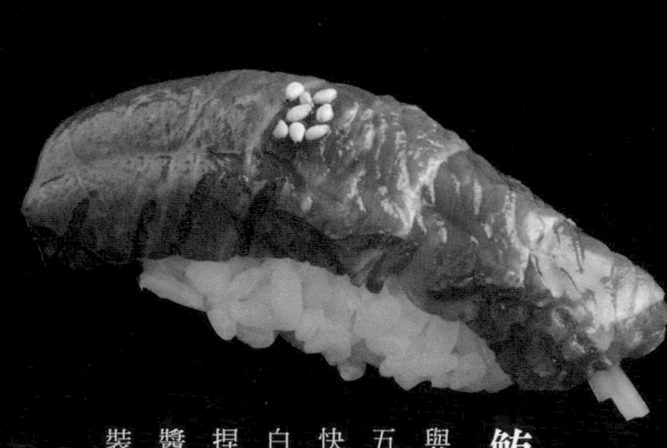

鮪魚中腹肉

與赤身一樣，選用熟成五天的中腹肉。以烤網快速炙燒側邊，將醬漬白蘿蔔與淺蔥混合後，捏握成壽司。塗上調味醬油，再以炒過的芝麻裝飾。

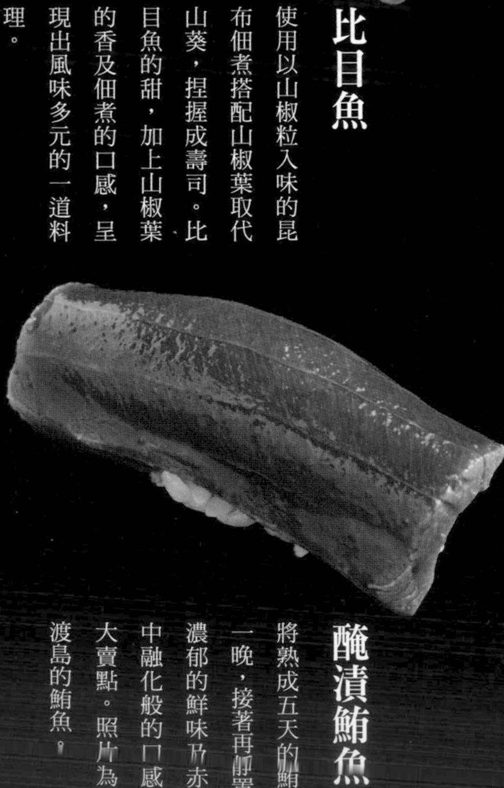

醃漬鮪魚

將熟成五天的鮪魚醃漬一晚，接著再靜置兩天。濃郁的鮮味及赤身在口中融化般的口感成為最大賣點。照片為產自佐渡島的鮪魚。

墨烏賊

以熱水快速汆燙墨烏賊，讓墨烏賊整個緊實，在咬下去瞬間能感受到鮮脆口感。醃漬於青辣椒、麴、醬油中，再擺上發酵兩年的「三升漬」，在味覺呈現上有畫龍點睛之效。

甜蝦

店家在將甜蝦握壽司上菜時，會同時附上只有醋飯的軍艦捲。客人看到當下雖然會相當驚訝，但店家更進一步提出全新吃法，那就是將軍艦捲沾點從甜蝦身上流下來的鹽辛醃漬醬汁享用。這樣的品嚐方式更成了店家與客人間的對話話題。

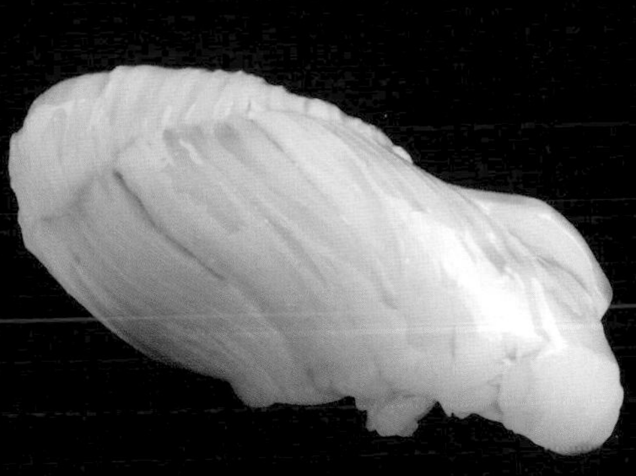

扇貝

使用產自北海道佐呂島，肉厚、甜味強烈的活扇貝。不以刀具加工，而是直接用手撥開後，捏握成壽司。由於扇貝神經仍有知覺，因此塗上壽司醬油時，貝絲纖維會縮起來，讓口感更加有彈性。

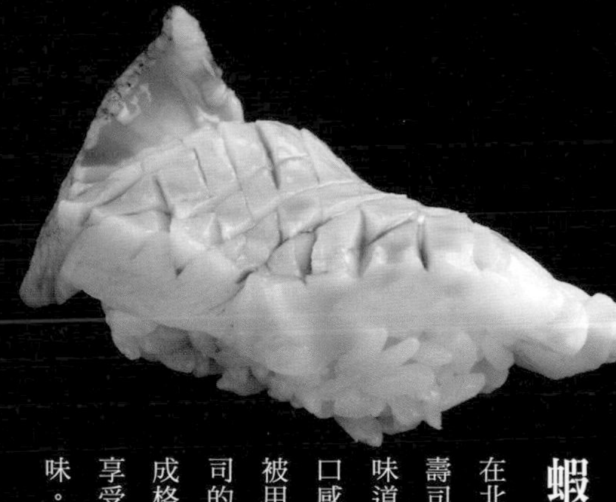

蝦夷峨螺

在北海道才品嘗得到的壽司料理。蝦夷峨螺的味道比鮑魚濃郁，而且口感相當柔軟，因此常被用來做為生魚片握壽司的食材。將表面輕劃成格子狀，讓客人同時享受到鮮脆的口感及甜味。

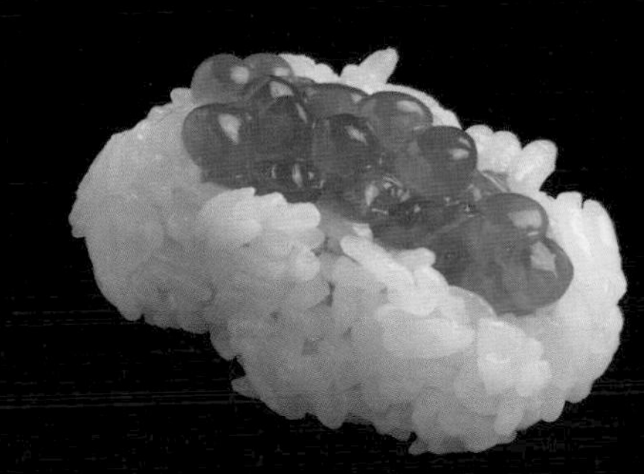

鮭魚卵

以味噌醃漬的鮭魚卵製成，極具獨創性的一道壽司。不同於醬油醃漬的鮭魚卵，味噌魚卵那黏稠的口感及濃郁深度可說魅力無限。製作方式與海膽壽司相同，先將醋飯剝開，接著將鮭魚卵邊壓入飯中，邊施力捏握。

海水海膽

雖然以鹽水海膽捏握成壽司已成為一股趨勢，但本店選擇於醋飯挖出凹槽，並將海膽稍微施力壓入，捏成壽司。

東京・池之端

池之端不忍池畔

英多郎寿司

嚴選來自日本各地的上等魚貨，以細膩手法提供最美味的壽司。店家更獨自鑽研壽司及料理，不受江戶前壽司的技法所侷限，選擇創造出嶄新美味，緊緊抓住喜愛奢華風味的饕客味蕾。

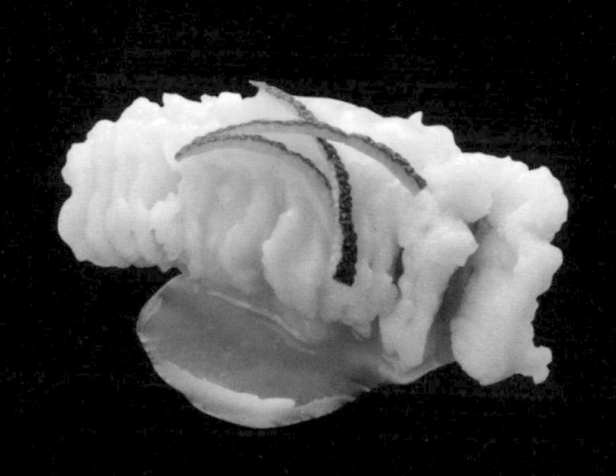

海鰻佐羹

將海鰻去骨，快速熱水汆燙後，作成壽司食材，淋上冰涼的芡羹，再搭配綠柚子皮。這裡的羹汁是以鰻魚頭及中骨熬成的高湯，添加白醬油製成，最後再使用吉野葛＊芶芡。

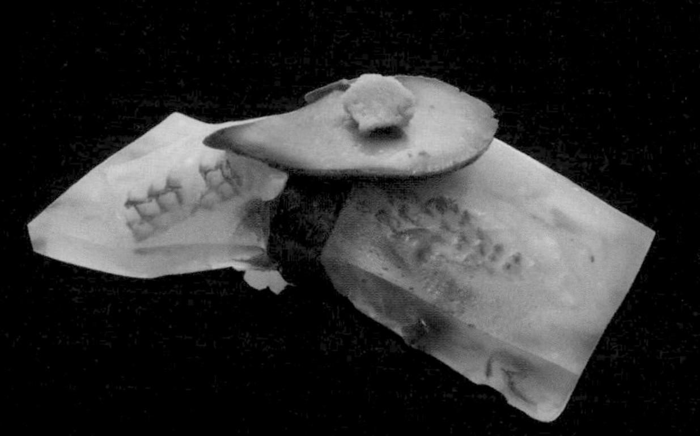

喜知次魚凍

將喜知次的魚頭及魚骨烤過後熬煮成的高湯以薄口醬油及味醂調味，將魚皮已用熱水燙過的喜知次魚片及生海苔放入吉利丁中，使其冷卻凝固成薄凍狀後，捏握成壽司。

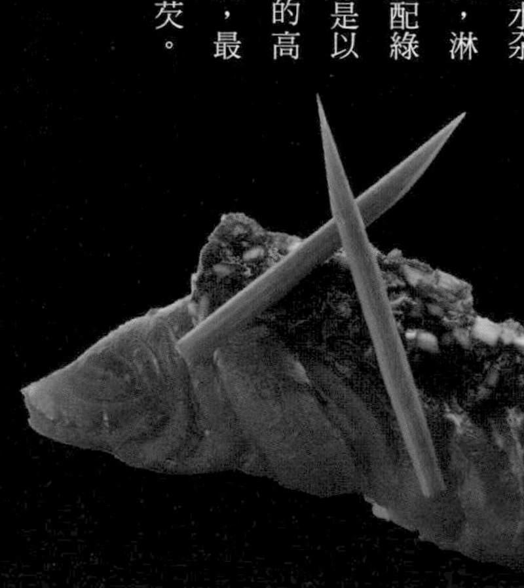

義式鰹魚

將青蔥、蘘荷及生薑切成碎末，拌入蒜味醬油，擺在帶有些許橄欖油香及黑糖蜜濃郁風味的鰹魚上，最後抹點馬斯卡彭乳酪，捏握成壽司。

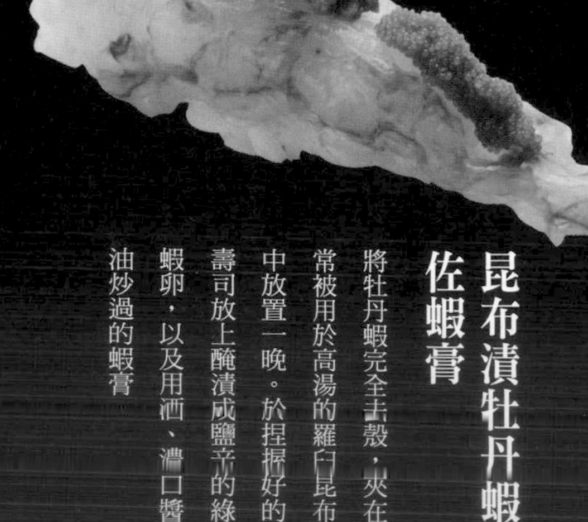

昆布漬牡丹蝦佐蝦膏

將牡丹蝦完全去殼，夾在常被用於高湯的羅臼昆布中放置一晚。於捏握好的壽司放上醃漬成鹽辛的綠蝦卵，以及用酒、濃口醬油炒過的蝦膏

＊吉野葛：產自奈良縣吉野地區的優質葛粉

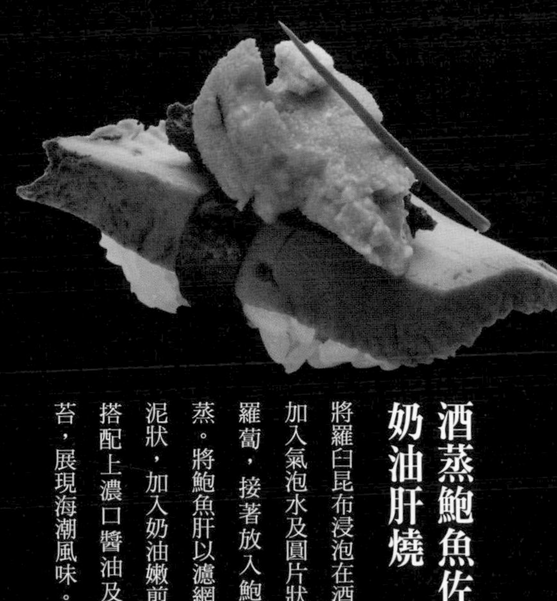

酒蒸鮑魚佐奶油肝燒

將羅臼昆布浸泡在酒中，加入氣泡水及圓片狀的白羅蔔，接著放入鮑魚悶蒸。將鮑魚肝以濾網壓成泥狀，加入奶油嫩煎，再搭配上濃口醬油及生海苔，展現海潮風味。

昆布漬大間赤身

將鮪魚赤身浸漬於以赤酒及青紫蘇碎末製成，帶有香氣的醬油中。使用的鮪魚會依照產季，選擇大間等地出產，於津輕海峽捕獲的黑鮪魚。

蜂蜜蛋糕風味玉子燒佐甜醬

將沙蝦泥、牛奶、馬斯卡彭乳酪與蛋黃混合攪拌，加入打發的蛋白後，進行烘烤。接著以蜂蜜、楓糖漿及吉野葛製成醬汁。

炙燒初秋秋刀魚佐肝醬

使用將魚皮炙燒到帶焦且充滿香氣的秋刀魚。將秋刀魚肝以濾網壓成泥狀，加入酒、濃口醬油、味醂熱炒過後，製成肝醬，與蘿蔔泥一同放於秋刀魚上，最後佐以酢橘品嘗。

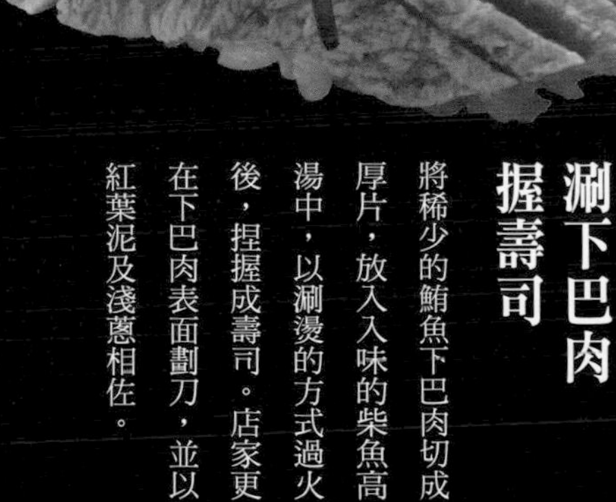

涮下巴肉握壽司

將稀少的鮪魚下巴肉切成厚片，放入入味的柴魚高湯中，以涮燙的方式過火後，捏握成壽司。店家更在下巴肉表面劃刀，並以紅葉泥及淺蔥相佐。

大人和食 いちりん 新宿店

以「涮海膽」及時尚創意壽司為賣點的人氣壽司店。除了提供海鮮類外，更集結山菜、豆皮、瓢瓜乾等豐富食材，做出充滿現代風格的變化。

白煮瓢瓜乾

將產自栃木縣的瓢瓜乾完全去除澀味後，利用白醬油、砂糖烹調成甜味較淡且顏色偏透明的白煮瓢瓜乾。沾點山葵捏握成壽司，並於上方以海苔絲裝飾。

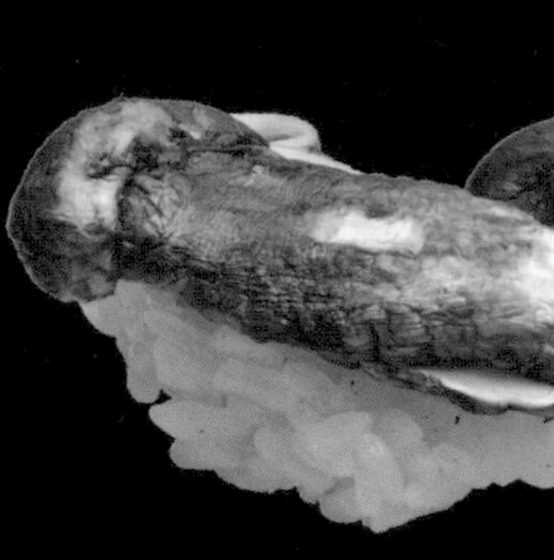

松茸

將松茸擦拭乾淨後，切掉蒂頭最下方，接著縱切成薄片，浸漬於酒與醬油中使其入味，稍微煎過後即可捏握成壽司。松茸壽司可是深受許多忠心饕客喜愛的一道料理。

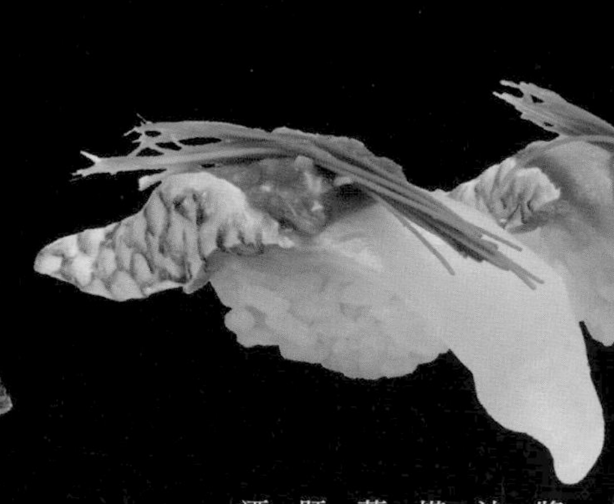

鯛魚酒盜

將鯛魚帶皮切下，並以湯霜法*處理帶皮面。接著放上搭配性極佳的酒盜，再以芽蔥裝飾。酒盜是指以鯛魚魚肝及魚腸加鹽醃漬熟成的下酒菜。

萬願寺唐辛子

萬願寺唐辛子（辣椒）的特徵在於厚度足夠、帶有自然甜味。一般多會烤過後，搭配柴魚片及醬油品嚐，但店家選擇將辣椒烤過後，直接捏握成壽司，並搭配上剁碎梅子肉的酸味，供客人享用。

*湯霜法：從表面澆上滾水燙過後 [illegible]

京都產豆皮

於豆皮放上切碎炸豆皮，巧具心思地讓客人品嘗到不同的口感。除此之外，這道豆皮壽司更常被客人與鮪魚中腹肉這類油脂較厚的壽司一同點選，讓這道京都產豆皮被賦予全新的存在。

比目魚佐海膽與青紫蘇

一貫壽司就能同時享受到比目魚及生海膽雙重美味的豪華壽司。以白身魚這類味道較清淡的食材搭配生海膽，這比起單獨品嘗更能增加鮮味。

烏賊佐鮭魚卵

這是近幾年相當受歡迎，用鮭魚卵佐味的壽司。這裡的鮭魚卵是以醬油醃漬調味。依照客人不同的喜好，店家也會提供以章魚或白身魚為食材，並佐上鮭魚卵的壽司。

炙燒紅魽佐黑芝麻醬

將夏季油脂較厚的紅魽炙燒，再搭配獨門醬汁，讓客人大啖美味。醬汁是以黑芝麻為基底，並加入洋蔥、長蔥、大蒜及葡萄酒等十數種材料製成。

寿司の次郎長

除了握壽司、壽司捲、押壽司外，還提供套餐料理，讓客人能夠多元地享受壽司美味。店家以新鮮食材，推出豐富的壽司菜單，成為吸引饕客上門的人氣壽司店。多道嶄新的創意蔬菜壽司更是店內極富盛名的招牌菜。

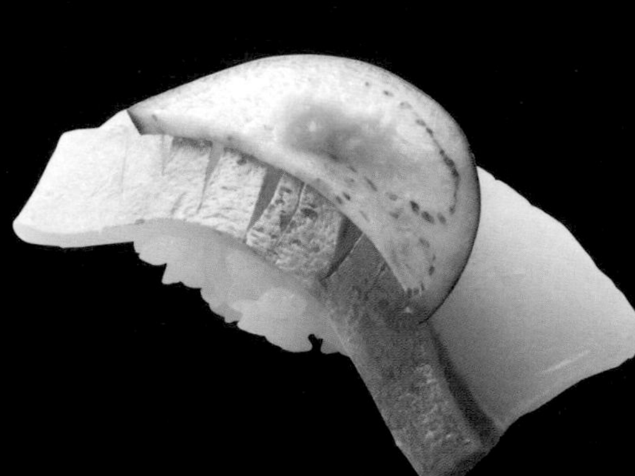

紅鮒茄子握壽司

以新鮮紅鮒及蔬菜組合，所誕生的嶄新美味深受好評。將以鹽水浸漬的茄子作為壽司食材，上方再以搭配性極佳的生薑泥相佐，供客人享用。

真鯖

以砂糖取代鹽，抹在鯖魚上作為前置處理。讓魚肉不至於太硬，口感較佳。接著抹上鹽，浸泡於甜醋一分鐘左右後，捏握成壽司。

烏賊奇異果握壽司

在搭配奇異果的清爽酸味後，誕生出嶄新風貌的美味。將青紫蘇和烏賊一同和壽司飯捏握，接著放上奇異果。奇異果與竹筴魚的味道也極為搭配。

蘿蔔嬰

汆燙蘿蔔嬰，夾在昆布中間約兩小時，讓鮮味進入蘿蔔嬰中，並作為壽司食材使用。於握壽司裹上海苔條，放上梅子肉，最後灑上細柴魚條，即可上桌。

筍子

將筍子以八方高湯烹煮，使其稍微入味。以海苔條捲起壽司，放上蜂斗菜味噌後，供客人品嘗。此道更是人氣長紅的蔬菜壽司。

蘘荷

綻放出美麗紅色的握壽司。將壽司食材的蘘荷汆燙，使其帶出色澤。用來作為多樣化的日本料理佳餚之一，在味道及口感表現上充滿魅力。

胡蘿蔔

為了讓胡蘿蔔適合作為壽司食材捏握，以及讓客人容易品嘗，店家將胡蘿蔔切成長形薄片狀，並以鹽搓揉。接著放上梅子肉，展現出抑揚頓挫的風味。

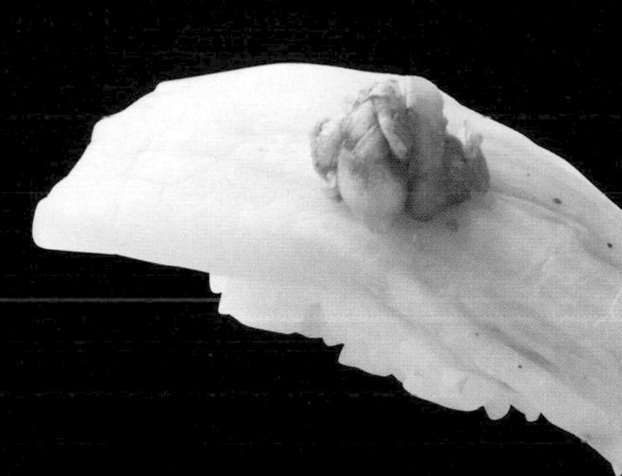

大白菜

將醃漬的大白菜以水洗過，減輕鹹味後，夾於昆布中，讓昆布的鮮味入味。最後放上金山寺味噌，加強味道深度。

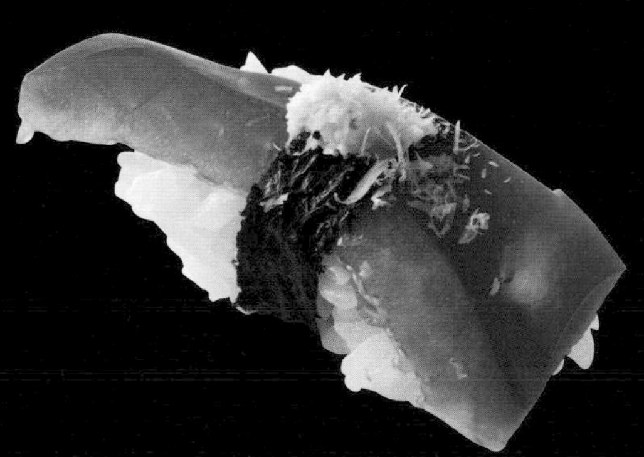

甜椒

將紅甜椒浸漬於昆布中，使其更加美味。以海苔條捲起壽司，放上生薑泥，接著灑上細柴魚條。店家也提供以黃甜椒捏握而成的壽司。

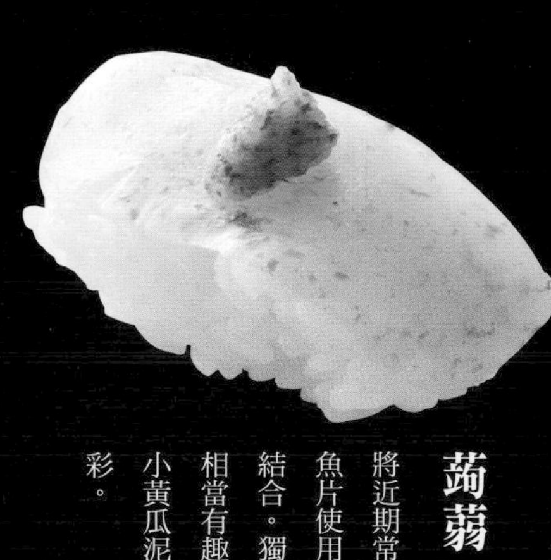

蒟蒻

將近期常被用來作為生魚片使用的蒟蒻與壽司結合。獨特的口感可說相當有趣。於蒟蒻放上小黃瓜泥，藉以增添色彩。

宮城・仙台

弘寿司

店家會根據漁獲的特性及狀態調味，讓美味完全發揮，充滿獨創性的壽司擁有高人氣。依照魚種，壽司飯會以紅醋及京都醋兩種不同種類的壽司用醋進行料理，對口味要求相當講究。

絨杜父魚

使用於仙台捕獲，肉質柔軟的深海絨杜父魚捏握而成的珍味壽司。搭配上較不辛辣的辣蘿蔔，以及少量也能讓口中香氣滿溢的泡醬油*。

斯氏美首鰈

斯氏美首鰈的口味較清淡，若用來製作壽司的食材腹中帶卵，更會將卵分別以醬油醃漬及加熱烹煮，搭配炙燒過的魚皮乾置於上方。黃色粉末為南瓜粉。

鮋虎魚

將鮋虎魚分成兩片魚身及中間的魚骨，並以魚身捏握成壽司。搭配上分別添加有蛋黃及櫻花的兩種山藥泥，減少仍留在魚肉中的細魚刺口感。

剝皮魚

以爽口風味為人所知的高檔魚貨—剝皮魚。當肉質彈力較差時，店家會搭配烤海膽以補足鮮味，並以雪菜或紅醋壽司飯讓整體表現更為協調。

稚鱈

在三陸地區會出現於火鍋中的蝦夷鬚稚鱈。左圖是以紅醋飯壽司飯搭配岩鹽及番茄，藉此補強稍淡的風味。右圖則是搭配煮成帶甜味且去腥的稚鱈魚肝，呈現濃郁口感。

平鮋

日本平鮋為當地才有的魚貨，活魚可說頗為珍貴。搭配經拍打處理的已調味海藻（銅藻），帶出黏稠度，最後再佐上蘘荷，呈現清新香氣。

無菜單壽司組合

將口味清淡的大目鮪搭配茖蔥，添加澀辣風味。蟹肉則佐以蘆筍，抹上以橄欖油自製而成的美乃滋。不難看出店家對壽司食材的講究。

青森・弘前 ビストロ

鮨勝

店家非常重視到店內用餐的酒客，是間一晚就能讓二十八桌的座位翻桌**2～3**次的人氣壽司店。在眾多壽司食材中，對白身魚更是講究，不僅選用當地捕獲的白身魚，更創作出嶄新風味供客人享用。

醃漬 Denbo

Denbo（デンボウ，青森當地對堅鱗鱸的俗稱）一般稱為堅鱗鱸。店家將魚肉浸漬於加熱至七十度的醬汁（以醬油、味醂、酒製成）約一分鐘，以半生半熟的狀態供客人享用。

棘黑角魚（角仔魚）

使用秋冬時期，油脂會變厚變美味的棘黑角魚。先以醋洗淨魚肉後，再夾入昆布中使其入味。入味時間大約為四小時～一晚。

河豚皮

將虎河豚的皮汆燙後，浸漬於高湯一天。將湯汁完全濾乾，捏握成軍艦捲，最後放上鵪鶉蛋，不僅充滿視覺享受，更可讓味道更加濃郁。

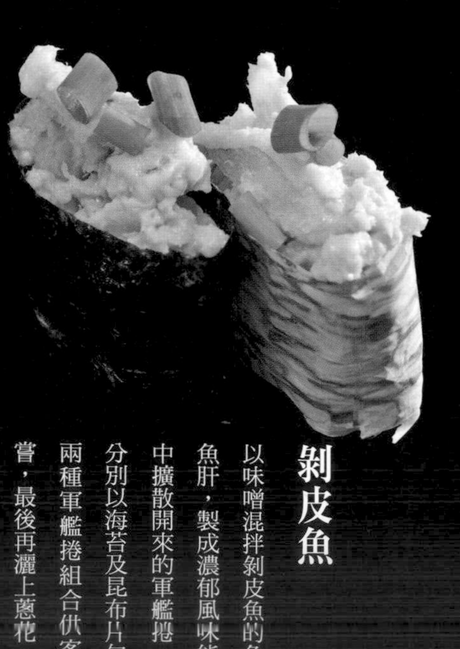

剝皮魚

以味噌混拌剝皮魚的魚肉及魚肝，製成濃郁風味能在口中擴散開來的軍艦捲。使用分別以海苔及昆布片包成的兩種軍艦捲組合供客人品嚐，最後再灑上蔥花。

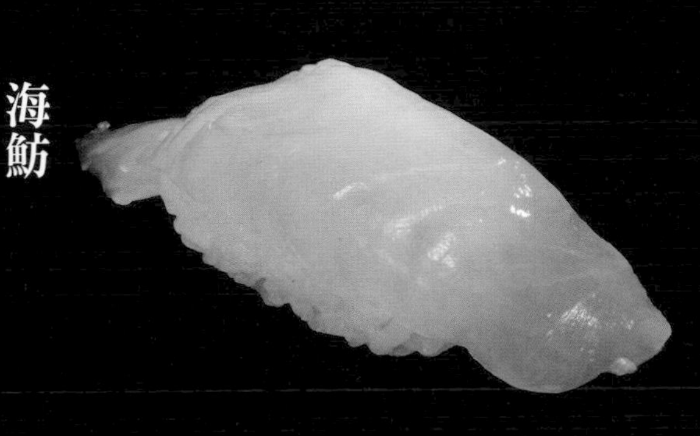

海魴

海魴最好吃的季節，是油脂變多的秋冬之際。為讓魚肉熟成，店家會先置於冰箱三天左右，再夾入昆布入味。

醃漬比目魚

將芝麻醬汁醃漬過的比目魚裹上麵粉後，以蒜味油煎到香氣四溢。會讓人上癮的味道可說人氣十足，不少回流客更指名要品嘗這道壽司。

幼鰤魚

日文名稱為「イナダ（Inada）」的鰤魚幼魚。抹鹽半小時後，再浸漬於醋中，並放入冰箱半小時。此舉不僅能除去幼鰤特有的腥味，更能讓鮮味滲出。

蒸壽司

針對想吃壽司，但不太能吃生魚的客人開發而成的料理。店家以堅鱗鱸、棘黑角魚（佐海膽）、紅目大眼鯛為組合，並在客人面前悶蒸，供其享用。

岐阜・折立

創作すし酒房 卓

以生火腿搭配芽蔥，或使用檸檬奶油、酪梨醬等新類型沾醬。店家以創作全新的日本壽司為目標，透過食材的組合及調味變化，為客人呈現出充滿新鮮元素的驚奇感。

鮪魚佐酪梨醬

將酪梨搗成泥狀置於鮪魚上，並以自家調配而成的沾麵醬汁調味，店家更建議直接品嘗，無須再沾醬油。

甜蝦佐海膽

以北陸產的生甜蝦，搭配北海道產的馬糞海膽捏握而成的壽司。甜蝦的甜與海膽獨特的香氣及甜味相互融合，相當受到女性饕客喜愛。

炙燒鯖魚

將醃漬過醋的鯖魚炙燒後，捏握壽司。接著覆上松前昆布，並搭配柚子醋風味的蘿蔔泥及山椒葉。松前昆布則是以壽司飯用的調味醋*煮過後再使用。

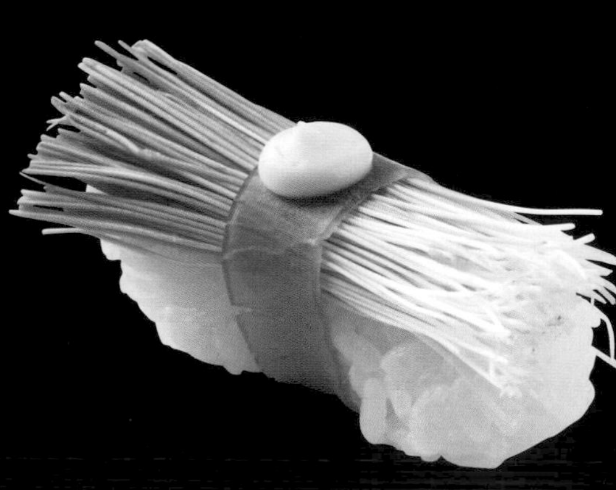

生火腿佐芽蔥握壽司

品嘗完油脂較厚或口味較重的壽司後，不妨以生火腿佐芽蔥握壽司稍微調節口中的味道。壽司上方雖有些許美乃滋，但店家也會依客人喜好，改成海苔片或梅子肉。

*調味醋：以醬油、味醂或高湯調味過的醋

炙燒鮪魚肚肉佐鮭魚卵

將產自挪威，油脂豐富的鮪魚肚肉以火輕炙表面，使其帶出香氣及些微焦色，最後放上醬油漬鮭魚卵，讓客人有種享受親子壽司的感覺。

炙燒烏賊佐抹茶鹽

將烏賊肉表面劃刀，呈格子狀，再以噴槍炙燒，使切面翹起。最後將抹茶篩入充滿鮮味的藻鹽中，充分混合後，再撒於壽司上。

壽司蛋糕

以仿效法式千層酥造型的散壽司為基底，搭配袖珍壽司，上方再以酢橘皮製成的圓環、金粉、銀粉裝飾。壽司師傅會依照當下的心情，自由創作出充滿驚喜的壽司，獲得相當好評。

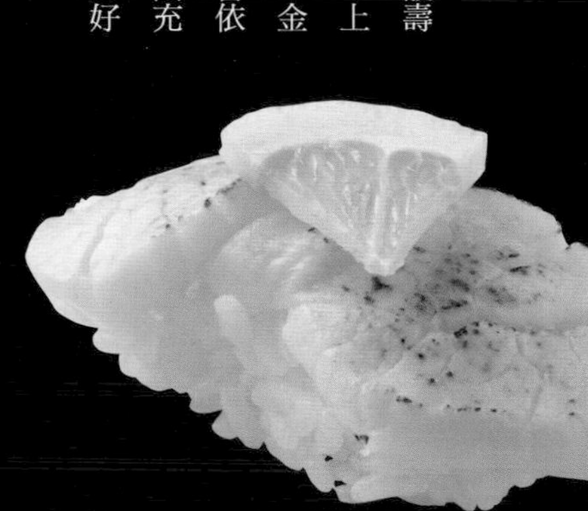

炙燒扇貝

切開扇貝貝柱後，捏握成壽司，再以噴槍輕輕炙燒表面，塗上些許奶油後，再次加熱使奶油融化，最後滴上檸檬汁，並撒點黑胡椒。是道富含西洋風味的壽司料理。

紅魽腹肉

雖然不少客人相當喜愛紅魽如鮪魚肚般充滿油脂的腹肉，但店家選擇以噴槍炙燒表面，去除多餘油脂，並推薦客人搭配柚子醋風味的蘿蔔泥享用，感受其清爽風味，從中也可看出店家的用心。

石川・金沢

金澤玉寿司

能夠品嘗到金澤新鮮魚貨，以及正宗加賀料理的壽司名店。隨著季節的變化，嚴選各種當季亮皮魚類，除了以醋浸漬外，更在調味上下足功夫，追求嶄新美味。

秋刀魚

於壽司內夾入青紫蘇，並放上淋有醬油的蘿蔔泥。店家雖已將細魚刺全數挑除，但在片魚時，仍會刻意在魚刺的位置劃刀，為了就是讓客人有更好的口感。

甜醋漬竹筴魚

以甜醋醃漬，不僅能帶出竹筴魚既有的鮮味，更可減少生味。最大特徵在於以味醂取代砂糖調配甜味。為了讓壽司帶甜及考量味道的協調度，最後會再放上醪味噌做搭配。

水針魚

劃刀將魚肉中剩下的細刺切斷，細切成薄片狀，捏握成口感極佳的壽司。浸在稀釋鹽水中讓魚肉入味後，再撒上魚鬆。

白帶魚

採訪時所使用的，是從富山岩瀨濱收購而來的垂釣白帶魚。由於油脂非常豐富，店家更以噴槍炙燒魚皮，讓油脂的鮮味能充分呈現。

醃漬鯖魚握壽司組

生拌醬汁是以醬油、胡麻油、水飴、豆瓣醬等製成，口感相當新穎的醬汁。「佐白板昆布」則是利用經甜醋煮過的白板昆布，減少鯖魚的腥味，並佐上紅辣椒裝飾。

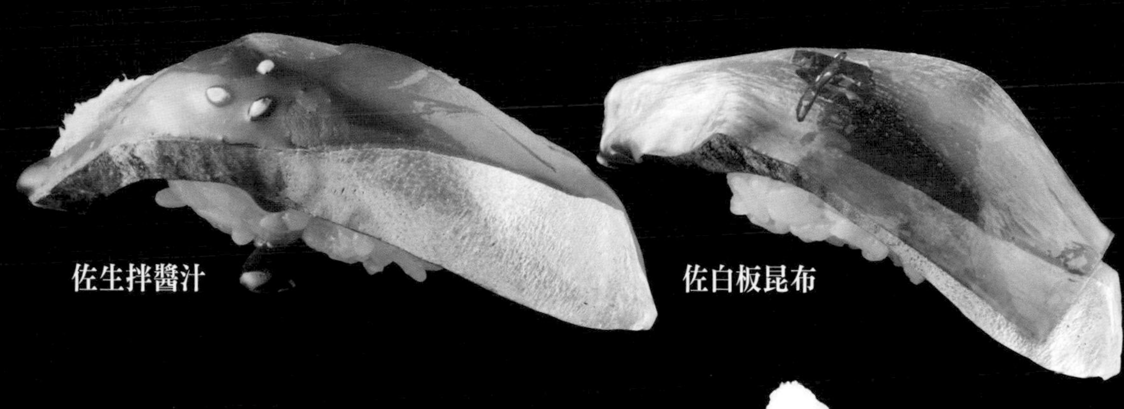

佐生拌醬汁

佐白板昆布

米糠醃漬鯖魚

店家選擇以自製方式，提供石川縣美川地區名產的「米糠醃漬鯖魚」。米糠醃漬鯖魚作為握壽司食材雖然較鹹，但卻是人氣相當高的配酒料理。

沙丁魚

使用帶皮魚肉直接捏握，以噴槍炙燒後，再塗抹柚子醋，最後放上紅葉泥及蔥末。魚肉經炙燒後，香氣四溢，品嘗起來則極為爽口。

太平洋鱈佐魚卵

金澤相當具代表性的正月料理之一。先將鱈魚卵乾煎，再和用昆布入味的鱈魚肉相拌，製成軍艦捲。店家是選用於輪島海域捕獲的鱈魚。

東京・荒川

すし処 江戸翔

透過對話探索客人的需求，提供嶄新風格及樣貌重塑的壽司。與其他壽司店做出差異化，致力研究如何讓常客不會對料理感到厭倦，隨時提升自我的吸引力。

醃漬鮪魚

將醃漬的鮪魚赤身加以變化後的創意壽司。以技巧搭配巧思，讓酥炸豆皮呈現出嶄新口感。塗抹上柚子味噌後，更成為一道風味相乘的壽司料理。

汆燙星鰻

將片開的星鰻汆燙後捏握而成的奇特壽司。比起汆燙海鰻，汆燙星鰻更有嚼勁，且帶有鮮味。上方更搭配梅子肉及甜醋醃漬過的食用花（夏堇），展現美麗色調。

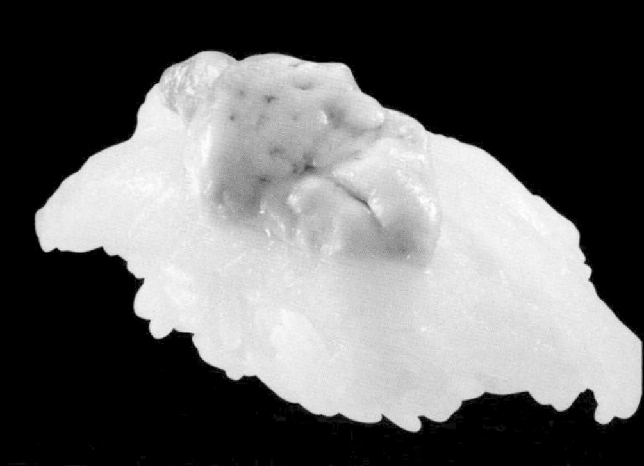

剝皮魚佐魚肝

使用白身魚中被視為高檔魚貨的剝皮魚。魚肉及魚肝的搭配絕妙，雖然有時會做為生魚片供客人享用，但捏握成壽司也非常受到歡迎。坐在吧檯的客人更會將其作為下酒菜品嘗。

小鰶魚佐昆布片

將甜醋醃漬過的昆布片放於小鰶魚壽司上，供客人品嘗。以醋入味的小鰶魚充滿鮮味，易於食用，受到客人好評。雖然是常用於鯖魚的箱壽司製作手法，但也能運用在其他亮皮魚類上。

河豚皮魚凍

河豚皮含有豐富的膠質。除了深受女性食客喜愛外，更常被用來作為下酒菜。搭配酢橘薄片及紅葉泥一同享用，可說是充滿季節風味的必點料理。

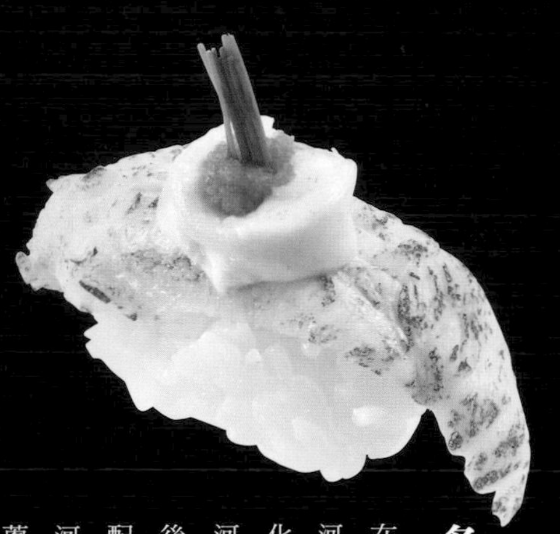

炙燒虎河豚

在河豚產季時，店家會以河豚為食材，提供多元變化的風味壽司。將去腥的河豚肉以噴槍炙燒，切片後捏握成壽司，最後再搭配極為珍貴的生魚白（雄河豚的精巢），並佐以芽蔥及紅葉泥。

鮭魚卵佐酒凍

不同於常見的海苔軍艦捲，而是讓人眼睛為之一亮，充滿時尚感的壽司。將薄切的胡蘿蔔及小黃瓜片捲起後，放入鮭魚卵，最後再佐以店家自製的葡萄酒凍。

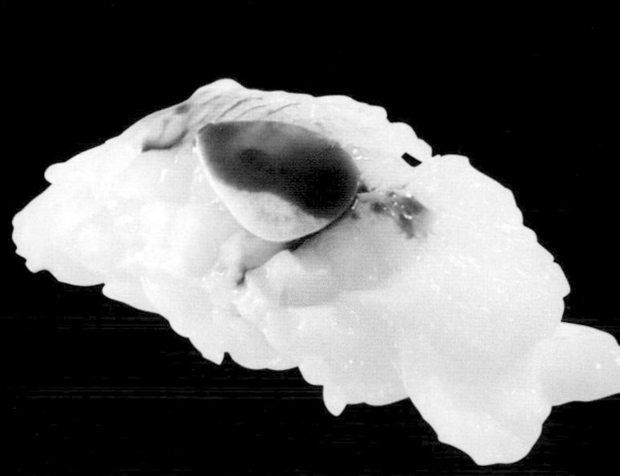

蒜味醬油風生章魚

可以吃到生章魚Q彈口感的人氣壽司。將章魚斜切成片狀，用刀刃敲打後捏握成壽司。店家為了讓不易入味的章魚擁有足夠風味，選擇抹上味道較嗆的蒜味醬油。

河豚皮與魚白佐柚醋凍

河豚皮搭配魚白的組合可是珍饈美饌。捏握成軍艦捲後，再搭配柚醋凍，最後以細切薤蔥作裝飾。雖然是道即興變化的壽司料理，卻有不少饕客對此念念不忘。

東京・白金台

鮨匠 岡部

將古老的江戶前壽司技術傳承延續，就連壽司饕客也俯首稱臣的壽司店。

烹調料理的過程中，店家對每個環節的堅持，使其在面對偏重生鮮食材的現代趨勢潮流下，仍受到高度關注。

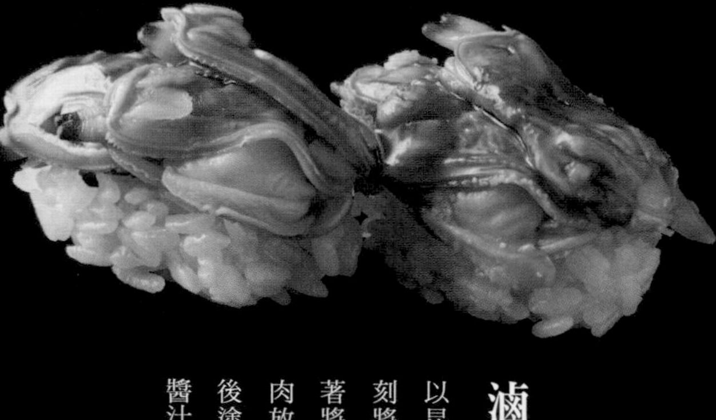

唐子蝦

將體型較小的明蝦從蝦背切開，捲成圓形。於中間放入蝦鬆後，捏握成壽司。「唐子」指的是中國古代的孩童。由於壽司的形狀與唐子髮型相似，因而以此命名。

滷蛤仔

以昆布湯汁烹煮蛤仔，並立刻將蛤仔肉從殼中取出。接著將湯汁調味，再次將蛤仔肉放入，吸取湯汁味道，最後塗抹上蛤仔燉煮收乾後的醬汁精華。

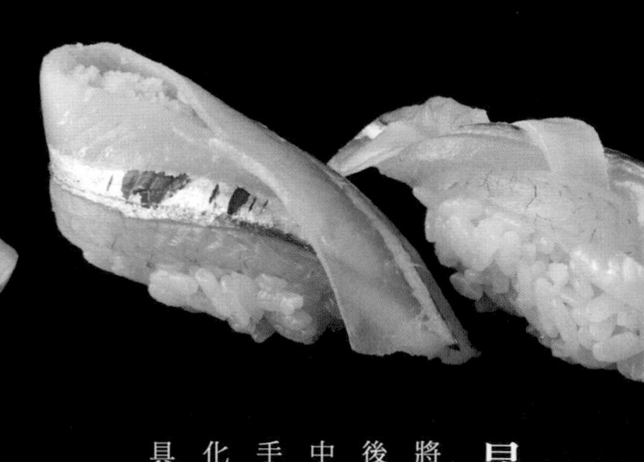

昆布漬水針魚

將水針魚以鹽調味，水洗過後，夾在以甜醋入味的昆布中一晚。水針魚在職人的巧手下，食材捏握方式充滿變化。搭配蝦鬆後，讓味道更具深度。

醋漬小鰶魚

堪稱是古代江戶前壽司主角，同時也是常以醋漬調味的壽司代名詞。將切掉背鰭的洞口放入蝦鬆，握成圓弧狀，使外觀能看到蝦鬆。另也會將魚片從魚皮側深劃一刀，並將蝦鬆塞入其中。

烏賊鑲飯

於體型較小的長槍烏賊塞入以香菇丁、瓠瓜乾、蝦鬆混拌製成的壽司飯，製成充滿懷舊風味的江戶前壽司。烏賊的燒烤火侯實在恰到好處。

薄燒「の字蛋捲」

使用均勻又紮實的薄煎蛋，捲成日文の字型的美麗「の字蛋捲」。由於耗工費時，因此提供此料理的店家數量稀少，期待這般江戶前工法能繼續流傳下去。

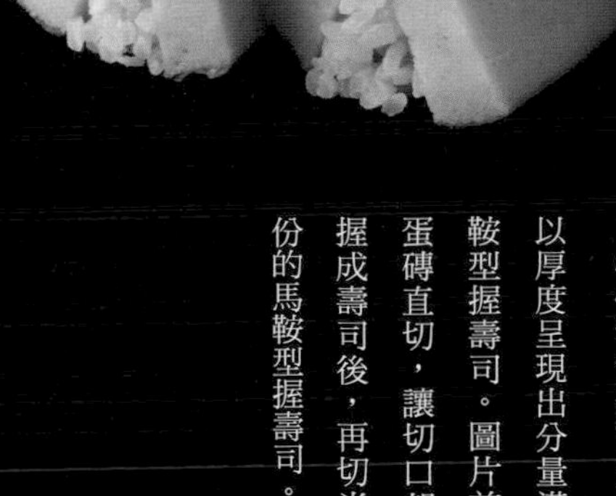

厚燒蛋磚壽司

以厚度呈現出分量滿點的馬鞍型握壽司。圖片前方是將蛋磚直切，讓切口朝下，捏握成壽司後，再切半製成兩份的馬鞍型握壽司。

柏餅風薄蛋燒

將薄煎蛋仿照日式甜點的柏餅般，捲起、捏握而成的壽司。在蛋上畫出十字刀痕，於其中撒入蝦鬆。如蜂蜜蛋糕般的紮實口感，風味柔和。

福岡・宮浦　鮨・和　空　ku

在能夠遠眺博多灣海景的豪華空間，享受在地漁獲及蔬菜豐盛美味的高評價壽司店。創意壽司及料理的簡易組合，吸引著以美食為志向的饕客。

比目魚握壽司

使用在地糸島捕獲的比目魚。在捏握時，不只使用切片的魚身，更會將高級比目魚的緣側＊一同放上，展現出奢華口感。以鹽及酢橘佐味即可享用。

香草壽司

結合糸島名產的香草捏握而成的軍艦捲。將香草作為餡料，並以蛋皮捲起，接著放上醬油醃漬過的鮭魚卵，最後抹上巴沙米可醋，呈現西洋風味。

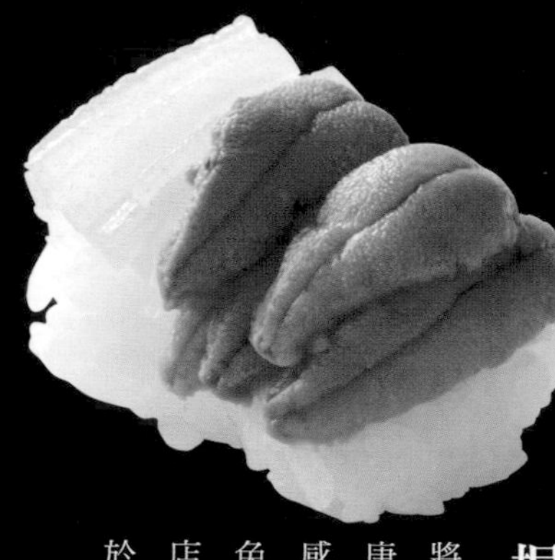

烏賊佐海膽握壽司

將當地捕獲的烏賊搭配唐津產海膽，捏握成口感豐富的壽司。為了避免白色的烏賊被染色，店家只將壽司醬油塗抹於海膽上。

翡翠茄子握壽司

將茄子去皮，以八方高湯烹煮，並使其帶翡翠綠色所呈現的美感，成了這道壽司想要表達的關鍵。最後更擺上高湯醬油凍及細柴魚絲，為料理畫龍點睛。

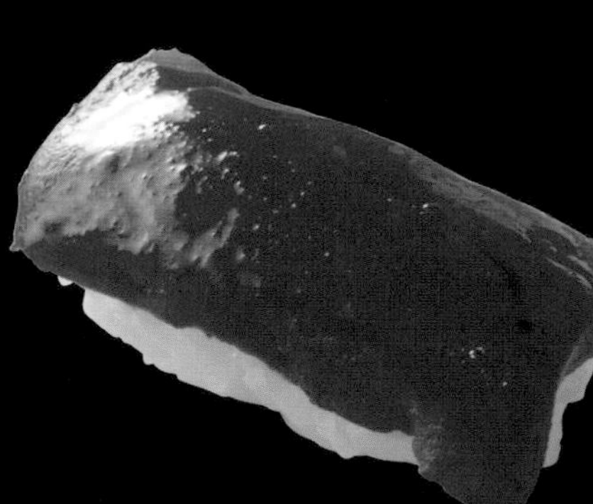

甜椒握壽司

將甜椒表面烤過，浸在冷水中，並剝除甜椒皮。如此一來，不僅能保留甜椒的美麗色澤，更可帶出甜味。最後塗抹壽司醬油，即可供客人享用。

東京・小平
江戸前 喜楽鮨

將在地名產的藍莓、甲府產的阿龜味噌（おかめ味噌）…等各類新食材與壽司結合，即便是品嘗著傳統的江戶前壽司，也能享受注入新元素的風味。

青柳貝握壽司佐阿龜味噌

使用產自北海道，大顆且肉厚的青柳貝。於青柳貝放上山梨甲府產的「阿龜味噌」以及醪*，最後撒上白芝麻，創造出風味多元的口感。

炙燒鮪魚大腹肉

將大腹肉厚切，以噴槍炙燒，釋放出多汁風味。接著放上以柚子醋醬油調味過的蘿蔔泥，最後插上淺蔥，讓視覺也充滿享受。

醃漬竹筴魚

結合壽司醬油、煮過的酒*、味醂，以及柴魚片、昆布、小魚干、鯖魚片等高湯材料，並將煮滾後的調味汁過濾，靜置七至十天，將竹筴魚沾抹汁液後，捏握成壽司。

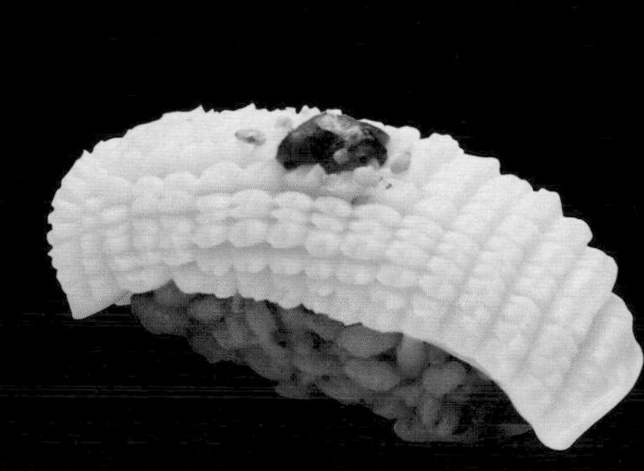

烏賊佐梅

紫色的壽司飯是混合藍莓泥拌製而成。片下烏賊，於表面劃刀，使其呈現像是松果的細格子狀，捏握成壽司後，放上醃漬紅紫蘇，並灑上炒過的白芝麻。

星鰻佐卡門貝爾乳酪握壽司

將星鰻皮肉兩面輕輕炙燒後，捏握壽司。乳酪的表面同樣稍微炙燒處理。醬汁收乾時，帶出了和三盆糖那富含質感的甜味及濃郁。店家的星鰻醬汁是自開業傳承至今的老醬汁。

＊醪：釀酒或醬油等發酵物過程中所形成的黏稠粥狀物。　＊煮過的酒：日文為「煮切り酒」，是指透過加熱使酒精成分揮發的酒。

大阪・森之宮 海力

無論是壽司或其他料理都能盡情享用。店家會以巴沙米可醋調味白帶魚、烏賊搭配烏魚子，以精湛技術一道道上桌的「無菜單」壽司組更是擁有超高人氣。

義式香醋風白帶魚握壽司

白帶魚的魚皮富含鮮味，將表面劃刀成格子狀後，以具遠紅外線效果的烤盤炙燒，並擺上芽蔥，佐巴沙米可醋調味。在不破壞味道的前提下呈現酸味。

烏賊佐烏魚子

在稍微炙燒過的烏魚子粒搭配下，烏賊的清淡甜味更顯突出。店家使用的烏賊皆為當季食材，夏季為劍尖槍鎖管（亦稱透抽）、秋冬為軟翅仔（亦稱軟絲）、春季則為針烏賊。

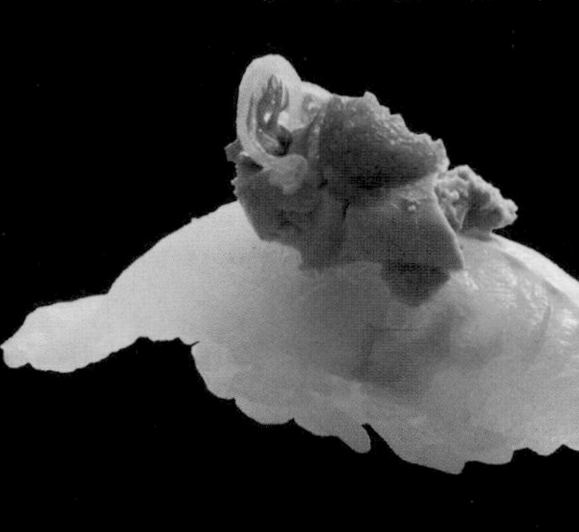

比目魚佐魚肝

擺在比目魚上方的，是鮟鱇魚肝。一般較常以酒熱蒸烹調，但店家在這道壽司中，選擇讓客人品嘗到生食的鮮味。以自製柚子醋醬油、胡蘿蔔泥及青蔥調配的辣醋醬更是廣受客人好評。

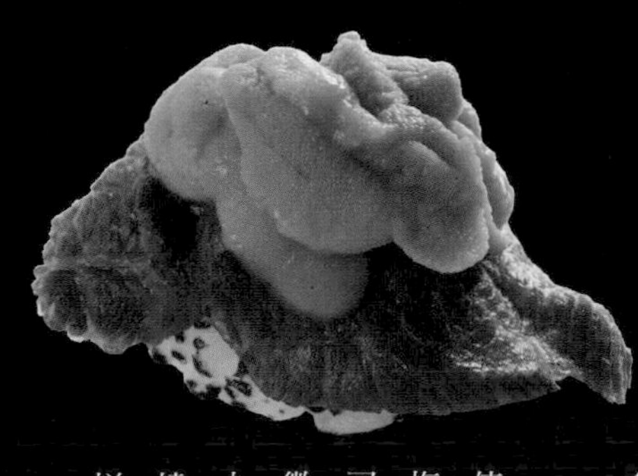

炙燒櫻肉（馬肉）

使用最頂級的霜降三角梅花馬肉捏握而成的壽司。將壽司飯上下側稍微炙燒，使其帶焦，放上馬肉後，再將表面炙燒，最後擺放馬糞海膽，增加濃郁風味。

炸彈壽司

將蔥花鮪魚、鮭魚卵、以及用梅子醋醃漬過的醃蘿蔔碎末混拌，捏握成壽司。先將鮭魚卵以浸鹽水的方式降低鹽分，接著浸於添加有醬油、味醂等調味料的柴魚高湯中，使其入味。

新潟・新潟市

すし・割烹 丸伊

主要使用在日本海捕獲的在地魚貨，擁有不少來自外縣市的客人。店家為了呈現白身魚本身的鮮味，選擇以搭配檸檬或昆布鹽的方式調味。

赤鮭

赤鮭是日本海海域相當常見的白身魚，富含鮮味的油脂為其魅力所在。店家為了讓客人品嘗到油脂的美味，刻意將魚皮炙燒處理，並將滲出的油脂一同握入壽司中。

鯛魚

點綴在白身魚上的紅色裝飾，是一種名為「かんずり（Kanzuri）」，將辣椒及柚子用米麴熟成，新潟特產的辣椒醬。辣椒的辛辣與鯛魚的清淡口感可說完美結合。

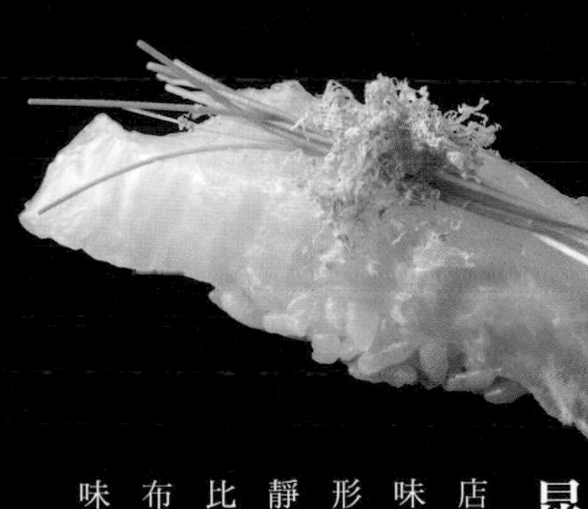

昆布漬比目魚

店家大量使用以昆布入味的手法，將切成長方形的魚塊夾入昆布中，靜置一晚後再行使用。比目魚上佐以芽蔥及昆布絲，品嘗起來更具風味。

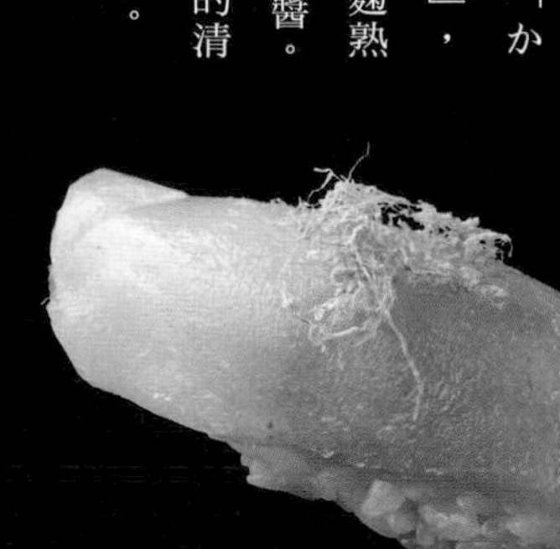

昆布漬太平洋鱈

先將口感水嫩的太平洋鱈以昆布入味，將鮮味凝結。用來夾魚肉的昆布若先以酒洗過，在入味一天後，將能讓肉質帶黏性。

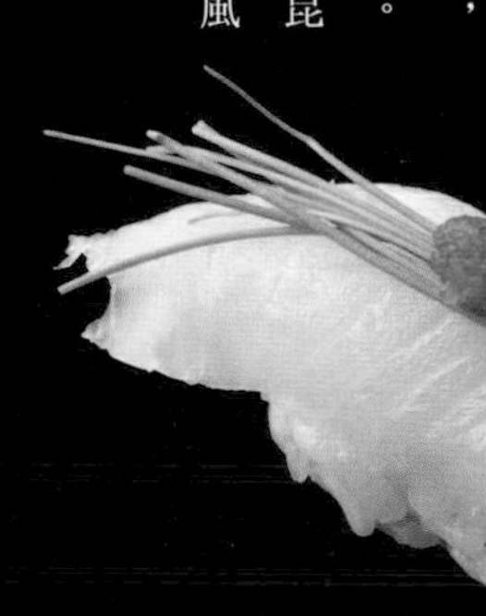

平鮋

為了讓客人品嘗出美味，店家將肉質較紮實的平鮋片成薄片，並建議客人佐以芽蔥、紅葉泥及自製柚子醋享用。

愛知・名古屋

桜すし 本店

深入鑽研醋漬方法，其壽司技術融合了江戶前壽司的傳統與創新，讓不喜歡亮皮魚的客人也能品嘗出其中美味。

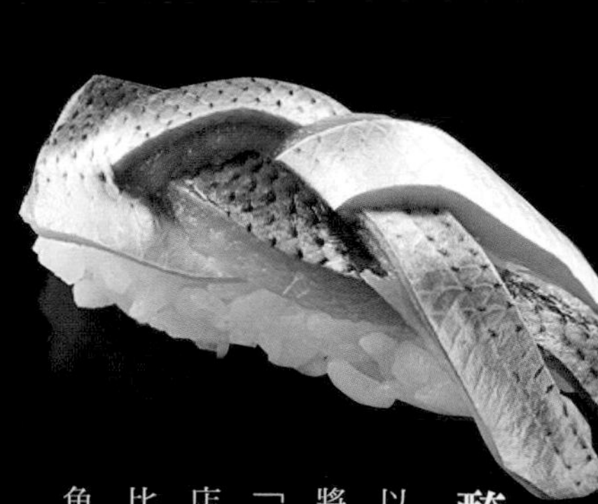

醃漬小鰶魚

以醋搭配高湯醬油製成醬汁，將人氣比較不高的小鰶魚用「醃漬」的方式，讓美味加分。店家使用的高湯醬油，是以等比例的醬油及味醂，再加上柴魚片煮沸製成。

芝麻醬油風味 竹筴魚

將竹筴魚生魚片淋上芝麻醬油，呈現「冷汁*」效果，帶出芝麻風味。與小黃瓜細絲的爽脆口感極為搭配。

炙燒沙丁魚佐 山葵泥

透過相當受歡迎的炙燒手法，凸顯出沙丁魚的豐盛油脂。將蘿蔔泥及山葵混合做搭配，讓餘味表現相當爽口。

鯖魚佐 白板昆布

以鹽醃漬2～3小時、以醋醃漬1～2小時，店家會依照冬夏的季節溫差調整醃漬時間，夏季時，更曾將鯖魚浸在冰冷的醋水中，避免魚皮融化，對於料理的環節相當講究。

福岡・博多

博多 太兵衛鮨

主要提供搭配有稀有在地魚貨的套餐，同時也會依照客人喜好做變化。除了有生魚片握壽司外，也會以炙燒或搭配肝臟等方式，讓壽司的呈現更加多元有變化。

日本鬼鮋佐魚肝

屬於白身魚的日本鬼鮋口感較清淡，因此店家選擇將剁碎的魚肝佐醋調味作搭配。以套餐組合方式上桌時，更會撒上鹽及檸檬，呈現清爽口感。

日本麗花鮨

日本麗花鮨讓人印象最深刻的，就是那帶粉紅色澤的白肉。品嘗起來不帶腥味，能夠享受到清淡風味。在捏握成生魚片壽司時，店家會在壽司飯及魚片之間夾入淺蔥。

炙燒石斑

使用的褐帶石斑魚在九州地區多半被稱為「あら（Ara）」。店家會先將石斑浸漬於冰水中兩天，讓肉質濕潤，上桌時，更會以火炙燒到香氣四溢，凸顯出石斑的鮮味。

星鰻雙拼

充分發揮活星鰻的鮮度，不以燉煮烹調，而是改藉由生食及直火烘燒來呈現美味。生星鰻在捏握成壽司時，仍處於活著的狀態，因此能夠享受到星鰻特有的嚼勁。

金梭魚雙拼

由本店在冬季獻上，能讓客人滿足無比的金梭魚壽司。將新鮮的金梭魚稍微曝曬，讓鮮味整個凝結後，再以炙燒方式展現香氣。另一方面，金梭魚生魚片的鬆軟口感也相當具吸引力。

大阪・鶴橋 グルメにぎり 寿し吉

以「加法」的概念，追求握壽司的無限可能。除了不斷推出極具大阪風格的獨創壽司外，更是能讓饕客享受美味時光的人氣壽司店。

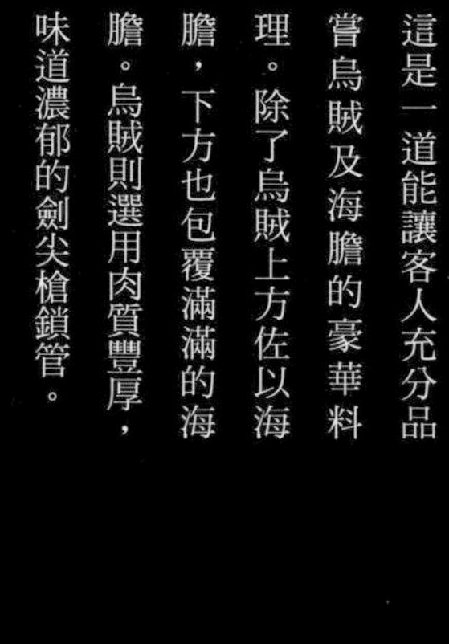

Kisumi

這是一道能讓客人充分品嘗烏賊及海膽的豪華料理。除了烏賊上方佐以海膽，下方也包覆滿滿的海膽。烏賊則選用肉質豐厚，味道濃郁的劍尖槍鎖管。

山形溫海紅蕪菁

使用遠自江戶時代起，便種植於山形縣的傳統蔬菜・溫海蕪菁捏握而成的壽司。醃漬過甜醋的溫海蕪菁薄片上擺放了白板昆布，其中的鮮味不僅緩和了醋的酸味，更帶出深度。

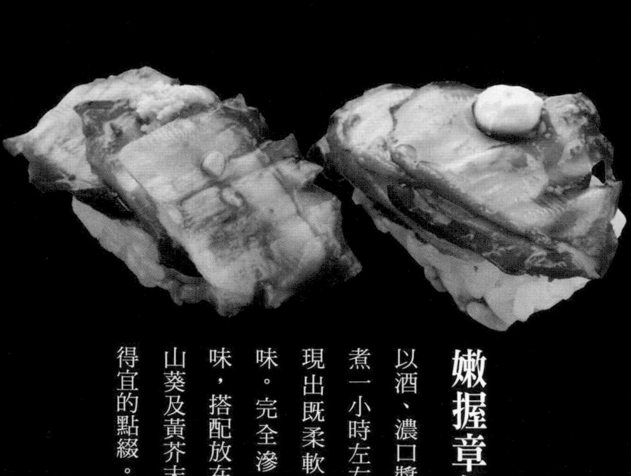

嫩握章魚

以酒、濃口醬油及味醂烹煮一小時左右，讓章魚呈現出既柔軟又濃郁的風味。完全滲入其中的甜味，搭配放在章魚上方的山葵及黃芥末，成了適中得宜的點綴。

握壽司組合

以無須沾醬油的壽司為主，再搭配上平常少見的調味方式捏握而成，充滿獨創元素的十貫壽司組合。店家會選用鵝肝醬、螃蟹等食材，每天都有不同變化。

東京・銀座

鮨 おちあい

晚餐僅提供「無菜單料理」。無論是壽司或其他料理，店家嚴選當季食材，並精心調味，讓客人品嘗美味。

鰹魚洋蔥雙新味

將新鮮的鰹魚搭配現磨的鮮採洋蔥以及香煎蒜片。口感清爽的初春鰹魚以及洋蔥的多汁甜味可是相輔相成。

沙拉壽司

將鮑魚邊緣較硬的部分、烏賊肉鰭及烏賊鬚細切，以酒熱炒，與飛魚卵混拌後，再與鹽及美乃滋調味，作成沙拉風味。如此一來還能減少食材的浪費。

愛知・名古屋

おけい鮨

極為重視季節變化，透過食材的組合及嶄新風味的醬汁，結合不同於以往的技術，大大提升了江戶前壽司的魅力。

柚子味噌蝦夷峨螺 佐陳年巴沙米可醋

將產自北海道的蝦夷峨螺汆燙，捏握成壽司，並以充滿柚香的西京白味噌及巴沙米可醋佐味。店家使用的巴沙米可醋為熟成期間長達12年，帶有醇厚酸味、芳醇香氣以及濃郁口感的陳年醋。

甜蝦佐蝦膏

店家取出甜蝦頭部的濃郁蝦膏，精心調製成和風風味醬料。使用兩隻去殼蝦捏握成壽司後，塗抹醬料並擺上淺蔥。醬料與甜美蝦肉間的絕佳搭配可是廣獲好評。

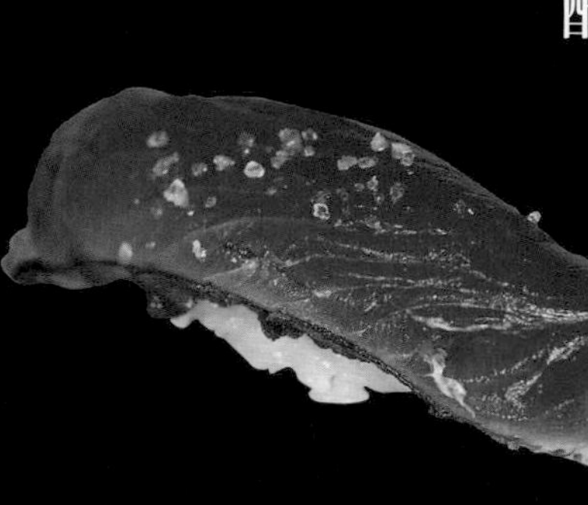

稻草炙燒鰹魚

先將鰹魚分解處理，並以大火燒烤魚身帶皮面，包覆於燻燒過的稻草中，讓壽司充滿獨特的煙燻風味。店家更使用2～3種不同的稻草，呈現美妙風味，並灑上粗鹽，以握壽司形式供客人品嘗。

大阪・西区 鮓 あさ吉

店家集結了河豚、魚白、鯨魚培根（鯨魚片）、滷牡蠣…等極為豪華的壽司食材，為壽司饕客的味蕾帶來刺激。

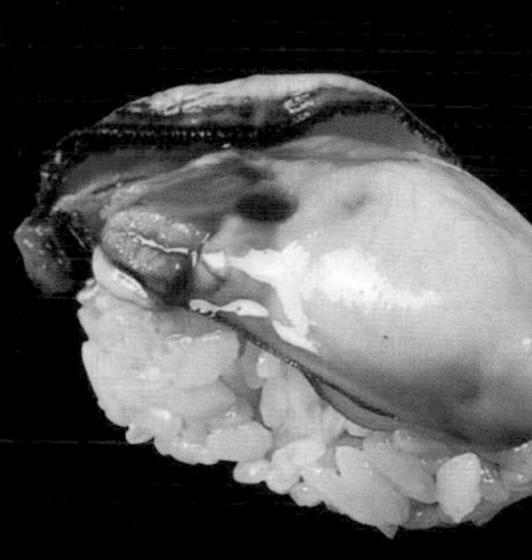

滷牡蠣

將能夠生食的新鮮牡蠣化身為滷製的壽司食材。將牡蠣放入以高湯、濃口醬油、味醂調製成的滷汁，煮滾後立刻熄火。為了避免避免肉質過老，店家選擇利用餘溫讓牡蠣變熟。

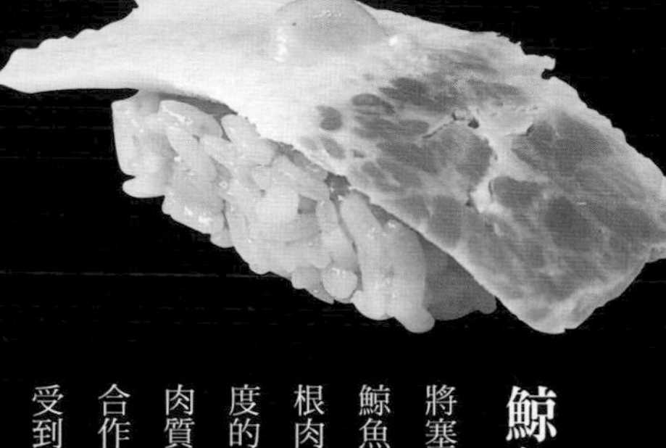

鯨魚培根

將塞鯨的「畝須（Unesu：鯨魚脂肪較多的部位）培根肉」作為壽司食材。適度的油脂鮮味搭配上柔軟肉質捏握成壽司，非常適合作為下酒菜品嘗，相當受到年長饕客的青睞。

東京・門前仲町 Okamo's 和風diner

以創意壽司聞名的餐廳。將散壽司及生拌壽司重新變化，原創性十足的軍艦捲廣受好評。

軍艦散壽司

將壽司飯捏握成稍大的圓形，再以海苔捲起，並將切成骰子形狀的鮪魚、日式煎蛋、蝦子、滷製過的星鰻等食材放於其上，再搭配上飛魚卵，最後撒上白芝麻。

生拌鰹魚

店家於自製的蒜味醬油中放入芝麻、蛋黃、味醂，並將切成骰子形狀的鰹魚以此醬汁調味。其中一貫壽司先舖上海苔後，再放置鰹魚。另一貫則捏握成軍艦捲。

三色軍艦捲

將相當受歡迎的蔥花鮪魚，搭配烏賊及鮭魚卵，捏握而成的三色軍艦捲。將烏賊整個跨放在壽司飯上，蔥花鮪魚則佐以白蔥及山葵，在視覺表現上更顯興味富饒。

東京・巢鴨 和風創作料理 鶴すし

透過重新變化義式料理的手法，將活用壽司食材的創意料理與江戶前壽司相結合，呈現出嶄新的壽司世界。

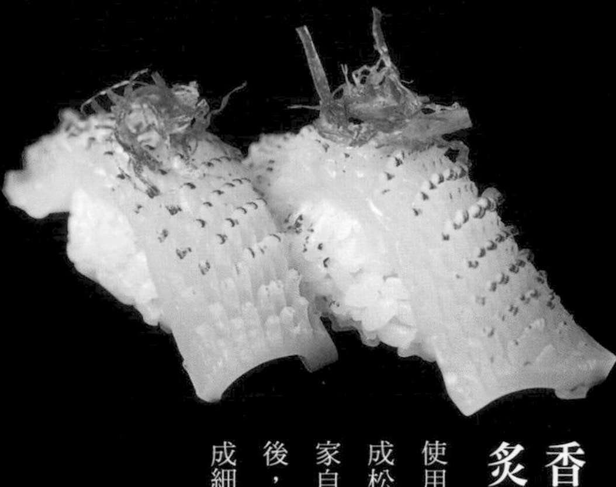

香蒜奶油炙燒烏賊

使用長槍烏賊或真鎖管，劃刀成松果形狀作為裝飾，抹上店家自製，蒜味較淡的香蒜奶油後，以火炙燒。最後再放上切成細條的酥炸蔥絲。

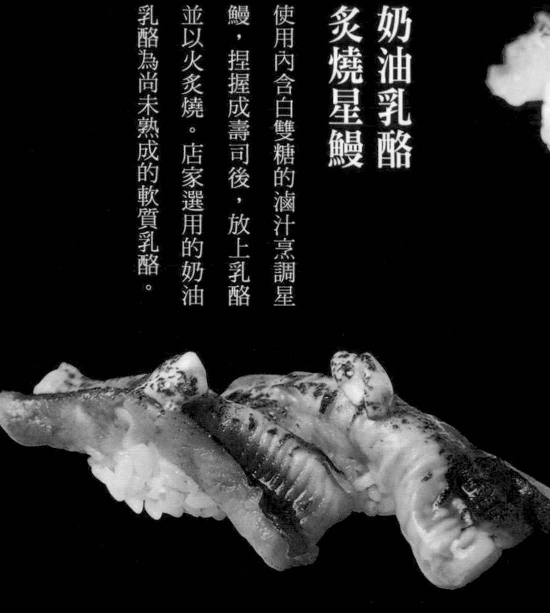

奶油乳酪炙燒星鰻

使用內含白雙糖的滷汁烹調星鰻，捏握成壽司後，放上乳酪並以火炙燒。店家選用的奶油乳酪為尚未熟成的軟質乳酪。

福岡・福岡市 すし幸

使用從當地長濱市場採買的新鮮魚貨，藉由日本料理的技術，昇華壽司的境界，更擄獲了現代饕客的心。

海味炙燒明蝦握壽司

從蝦背切開，塞入岩海苔及石蓴拌成的醬料後，小火炙燒。蝦子的香味及海苔風味相輔相成。圖片為過年期間推出，灑有金粉的豪華明蝦握壽司。

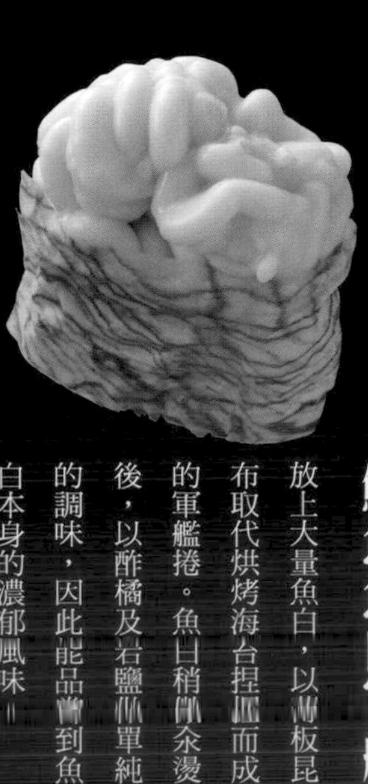

岩鹽酢橘風味鱈魚魚白軍艦捲

放上大量魚白，以薄板昆布取代烘烤海苔捏握而成的軍艦捲。魚白稍微汆燙後，以酢橘及岩鹽作單純的調味，因此能品嚐到魚白本身的濃郁風味。

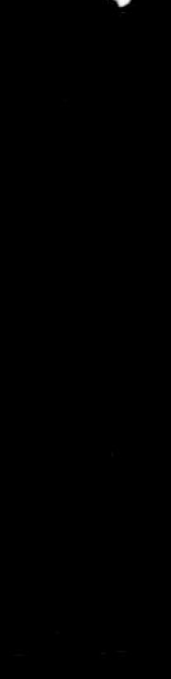

海膽佐薄板昆布博多握壽司

將海膽上點薄鹽後，夾入薄板昆布中，捏握成雙層博多握壽司。薄板昆布的紋路浮現，在視覺表現上也相當獨特。入口即化的口感及昆布的鮮味可說魅力十足。

押壽司、壽司捲、散壽司、創意壽司進化論

不僅江戶前壽司，押壽司及壽司捲在食材、餡料、壽司形狀的表現上，也出現了不同於以往，充滿創意元素的壽司。另一方面，更出現了不少以嶄新手法呈現，原創性極高的壽司。客人除了能在店內享用外，店家更推出外帶服務，開拓新商機。

秋刀魚

在正值秋刀魚產季的秋季套餐料理中提供此道壽司的話，相信必能感受到滿滿的秋季氛圍。由於秋刀魚魚身較細，因此店家選擇將魚切成圓段，而非片成魚片，利用飽滿的食材分量來吸引饕客。

白帶魚

由於白帶魚的魚皮稍硬，店家會先在魚皮劃刀，避免在炙燒時捲起。為了讓壽司飯與白帶魚合而為一，以紗布巾捆起後，會再包覆保鮮膜。

金梭魚

金梭魚雖然較常用來做成魚乾，但同樣也被拿來作為壽司食材運用。使用切下的魚身，背部魚肉較厚的部分則劃刀切開，讓魚肉厚度均勻，將食材充分運用。

小鰶魚與燒烤箱壽司

這道是搭配常被用來作為「燒烤箱壽司」的海鰻碎肉，再重新變化過的壽司。佐以山葵的小鰶魚酸味與塗抹精華醬汁的小鰶魚鮮味搭配性極佳，更增添其中美味。

靜岡・駿河

馬渕[illegible]阪鮨支店

櫻花蝦押壽司

將生櫻花蝦以花生油炒過，並以將浸過裙帶菜的湯汁加入味醂、酒、鹽，滾煮成的醬料，以及研磨的蓮藕汁調味。押壽司的其他配料還包含滷香菇、醋漬蓮藕，並塗上山葵慕斯。

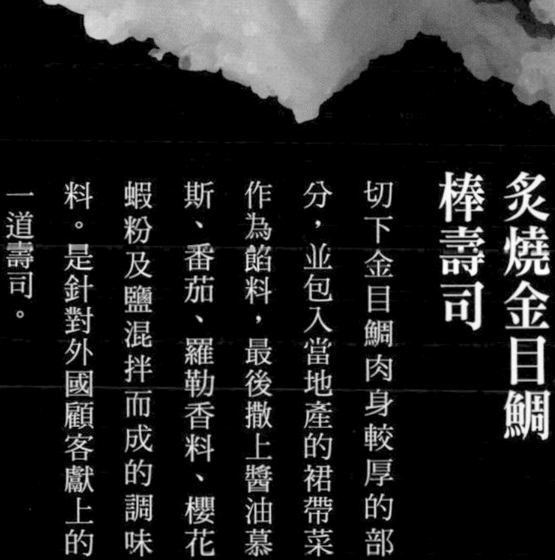

炙燒金目鯛棒壽司

切下金目鯛肉身較厚的部分，並包入當地產的裙帶菜作為餡料，最後撒上醬油慕斯、番茄、羅勒香料、櫻花蝦粉及鹽混拌而成的調味料。是針對外國顧客獻上的一道壽司。

福岡・香椎

寿司[illegible]郎長

特製柚香鮮鰻押壽司

以長崎縣鄉土料理的大村壽司為概念，並結合星鰻食材。將壽司飯與星鰻碎末、香菇、瓠瓜乾泥混合後，壓製成型，最後撒上蛋絲。

東京・小平

江[illegible]前 喜楽[illegible]鮨

原創元祖 小平捲

將藍莓的清爽酸味融合入飯中製成的壽司捲。餡料除了有滷星鰻外，還有明蝦、帶卵昆布、瓠瓜乾及滷香菇、鮭魚卵、日式煎蛋捲等廣獲喜愛的食材。

東京・[illegible]前仲町

O[illegible]amo's 和風diner

博多風梅味蛋捲

在淡甜風味的高湯蛋捲間夾入梅子肉及青紫蘇後，堆疊製成的料理。店家將蛋捲切成四塊後，擺盤時更刻意讓客人能欣賞到切面的格紋模樣，同時也讓人聯想到博多織帶，因此得名。

龍捲

在壽司食材的滷星鰻與奶油起司中加入小黃瓜，反捲成壽司，再裹上大量細鮪魚絲。將星鰻的滷汁收乾，加入粗糖熬煮成濃郁醬汁後，拌於壽司旁。

沙拉捲

將壽司飯鋪在海苔上，接著擺放萵苣葉，並放上以鹽水汆燙過的蝦子、小黃瓜、高湯蛋捲，淋上美乃滋後捲起。最後於外圍的壽司飯裹上飛魚卵。

埼玉・越谷

すし遊膳　ゆう彩華

越谷捲

以合鴨為食材的壽司捲。將蒸過的鴨里肌肉浸漬於調味過的醬油中，使其稍微入味，接著取用越谷蔥的白色部分及萵苣，反捲成壽司。最後再佐以山葵風味的美乃滋。

蟹肉酪梨千層塔

使用圓形模型，放入壽司飯後，接著依序擺入以酪梨泥、美乃滋調味的松葉蟹與珠蔥，最後再放上螃蟹絲裝飾。

鮪魚酪梨夏威夷風米堡

結合壽司店常見的食材，將夏威夷的米飯漢堡注入變化元素。店家於壽司飯鋪上萵苣及水菜，接著放入切成小塊的鮪魚及酪梨。自製的中式淋醬則混為山葵風味。

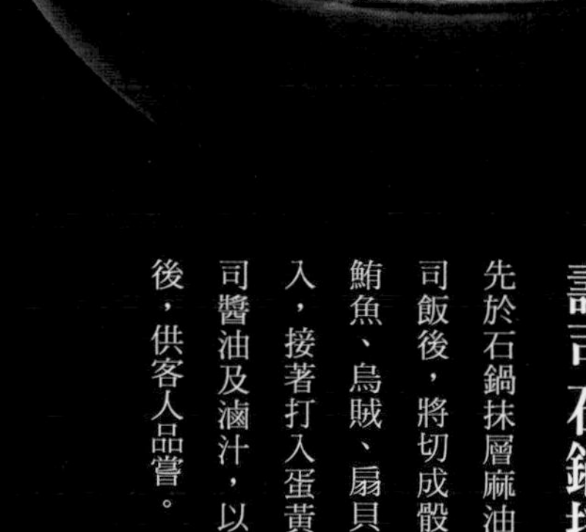

壽司石鍋拌飯

先於石鍋抹層麻油，放入壽司飯後，將切成骰子形狀的鮪魚、烏賊、扇貝等食材撒入，接著打入蛋黃，淋上壽司醬油及滷汁，以直火加熱後，供客人品嘗。

新潟・十日町

松乃寿司

鱒鮭壽司

圖片的「鱒鮭壽司（いとこ寿司）」是利用鱒魚壽司開發而成的特殊壽司。店家更刻意將壽司飯中的鮭魚卵稍微捏碎，夾帶著鮭魚風味的壽司飯相當美味，廣受客人好評。

高麗菜捲

這是由前前任店主發想的料理。以高麗菜取代海苔製成壽司捲，餡料包含了羊栖菜梗、魚鬆、日式煎蛋等。烤過的高麗菜香氣四溢，非常適合與醬油一同品嘗。

栃木・宇都宮

INDIGO 85

龍捲

完全顛覆正宗壽司捲文化，INDIGO 85的人氣料理。INDIGO 85的壽司捲種類多達十三種，能夠品嘗到酪梨濃郁風味的加州捲，則是擁有穩定人氣的品項。

新潟・新潟市

鮨・割烹 **丸伊**

越後壽司丼

將綿鯛及小鯛魚等，賣不了多少錢的魚類充分運用。將當季魚貨豪華擺盤，同時提供三種壽司用魚露及山藥泥讓客人享用。

炙燒赤鮭丼

數量限定二十份的午餐菜單。將赤鮭魚皮炙燒，讓油脂浮出表面，藉以更加強調其鮮味。可佐昆布鹽、檸檬，或是魚露品嘗。

東京・築地

鮨 **竹若** 別館

鮪魚頰肉海鮮丼

將重達一百五十公克的鮪魚魚頰肉放入平底鍋中與大蒜、醬油及酒一同烹調。壽司飯則鋪上水菜及紅洋蔥沙拉，增添口感。

佐賀・多久

天柳鮨

壽司漢堡

將大目鮪的魚頰肉作成龍田式炸肉，抹上美乃滋，連同日式煎蛋及萵苣，夾入辣味海苔壽司捲中，客人可直接拿在手上品嘗。

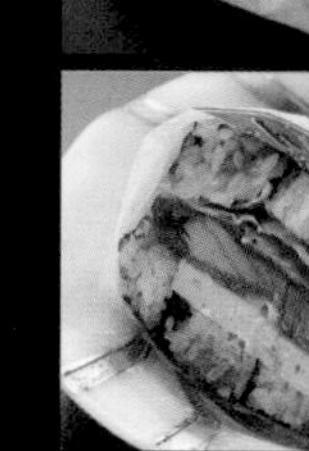

壽司杯

以湯匙舀取食用，感覺像在品嘗甜點的壽司。從下到上分別為海頭紅壽司飯、飛魚卵壽司飯、骰子鮪魚、山藥、鮭魚卵及山葵。

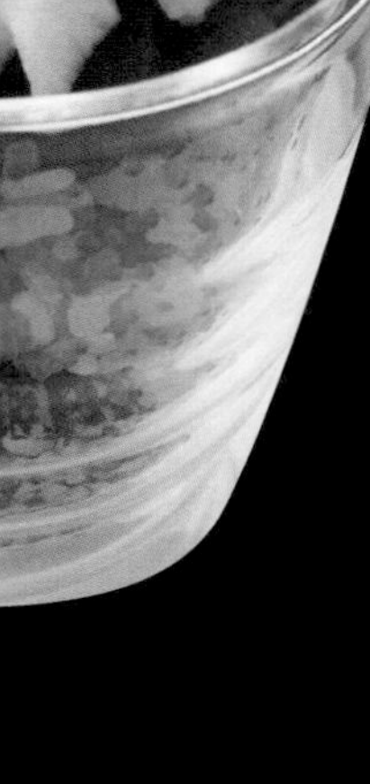

北海道・苫小牧

日本橋

北寄貝竹葉壽司

使用苫小牧名產・北寄貝的知名壽司。先將北寄貝稍微汆燙，並灑上天然鹽。在壽司飯與北寄貝間夾入沾了魚露的醃漬薑片，接著放上白板昆布，再捲起塑形。

大阪・阿倍野 あるにあらむ

絕品!!星鰻蔬菜銀羹蒸壽司

這道是將「鮨萬*」必點的滷星鰻及高麗菜絲放上壽司飯熱蒸，並搭配炸蔬菜及銀羹的料理。店家會建議客人先以湯匙拌開蒸壽司後，佐以羹汁一同品嘗。

難波小町

內容物是由各兩貫的黃鯛及鯖魚小袖壽司，星鰻及蝦子的手毬壽司、迷你散壽司、小缽料理及湯品組成。散壽司是以切碎的甜滷香菇及瓠瓜乾混拌而成。

*鮨萬：創業於 1653 年，位於大阪的知名壽司店。

壽司料理進化論

一般提到壽司料理時，多半會想到將壽司食材切片處理後，以生魚片供應客人的料理，或是佐以醋或高湯的前菜及醋物等這類製作簡單不費時的菜餚。但為了已經無法光靠這些料理獲得滿足的現代饕客味蕾，愈來愈多店家開始推出更為精緻的壽司料理。

這些壽司料理就是……

新・生魚片料理

若提到壽司店的生魚片，一般都會認為不過就是將新鮮魚貨切片即可上桌。
但若有完全看不出以何種方式料理的生魚片料理，想必將能讓酒更加美味。
接下來就要為各位介紹，融合了燒霜（炙燒後浸冰水）、炙燒、煙燻等手法，
以及搭配沾醬醬油、調味拌醬、蔬菜等，極為講究的新風格生魚片料理。

日本料理 千仙
鈴木隆利

鮪魚・鰹魚

塊切鮪魚腹肉佐辣味蘿蔔泥

能夠幫助消化，為口中帶來清爽風味的辣味蘿蔔與鮪魚、鰤魚腹肉等油脂較厚的魚類相當搭配。不同於山葵的辣味，是道雖然簡單，卻讓人耳目一新的料理。

燒霜鮪魚中腹肉佐柚醋凍

先將整塊的鮪魚中腹肉以火炙燒後切成小塊，並放在能帶出炙燒香甜的洋蔥上。接著以大膽的手法搭配蔬菜，呈現出更為講究的印象。最後將入口即化的柚醋凍再佐以露山葵，讓山葵具備的香氣及刺激為料理畫龍點睛。

鮪魚肉片佐錦木

「錦木」是由海苔搭配山葵及醬油製作而成，雖然這樣就相當適合作為下酒菜品嘗，但與鮪魚相佐，再鋪上山藥泥的話，更能大幅增加美味程度。除了鮪魚外，搭配白身魚或亮皮魚類也同樣美味。

醃漬鮪魚　芝麻山葵

將用來捏握壽司的醃漬鮪魚，搭配混有香煎芝麻的芝麻山葵後，就能成為帶有不同風味的生魚片。融合美味香氣的山葵不僅能與海鮮類相佐，和嫩煎肉類料理也極為搭配。

義式昆布漬鰹魚冷盤

以昆布醃漬入味時，多半會選用白身魚，但鰹魚及幼黑鮪等在經昆布醃漬入味後，同樣能減少水分，帶出本質風味。淋上慕斯狀的「白妙醋」，最後滴入數滴橄欖油，為濃郁表現加分。

*製作方法請參照98～99頁

白身魚

昆布漬鯛佐梅枝蒜

以醃漬過昆布的鯛魚搭配梅醋漬大蒜，成為一道充滿驚奇的組合。大蒜在浸過梅子醋後，能去除本身特有的味道，與富含鮮味的鯛魚相佐，可說極為協調。

昆布漬比目魚佐烏魚子

將烏魚子以調味過的酒處理，搭配昆布漬比目魚的珍味佳餚。雖然可直接使用烏魚子粒，但佐以磨成泥狀的烏魚子將更能呈現黏稠口感。

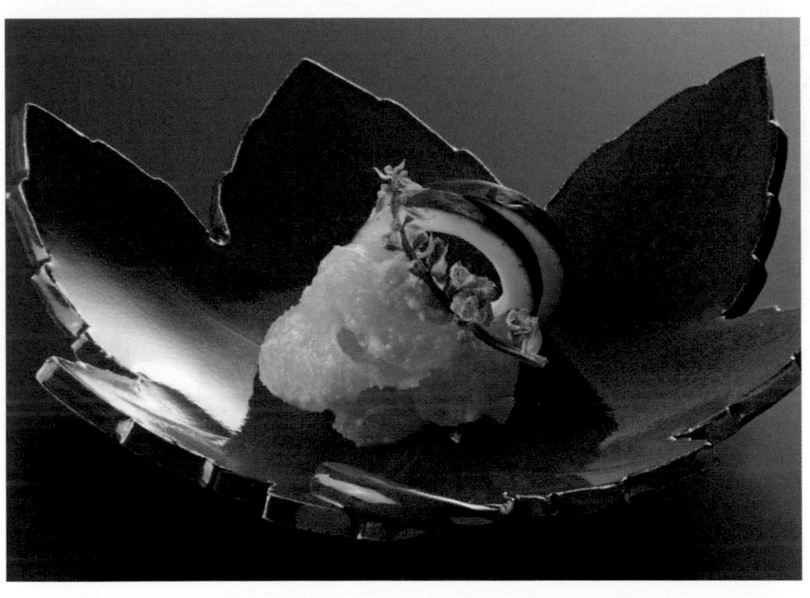

山葵醋慕斯風燒霜白帶魚

山葵醋慕斯是以稍帶黏稠的吉野醋搭配蛋白霜及山葵製成。清爽風味及柔順口感非常適合與炙燒到香氣四溢的燒霜料理搭配。更可依喜好添加些許橄欖油或棕櫚油增添濃郁滋味。

昆布漬石斑米紙捲佐日式黃芥末醋味噌

將帶筋或碎肉等，分量較少的魚肉部位與多種蔬菜組合，製成分量十足的生春捲。店家運用了你我身邊常見的青紫蘇、生薑片等食材為餡料。另也提供以貝類、蝦子製成的米紙捲。

塊鯛佐時蔬拼盤

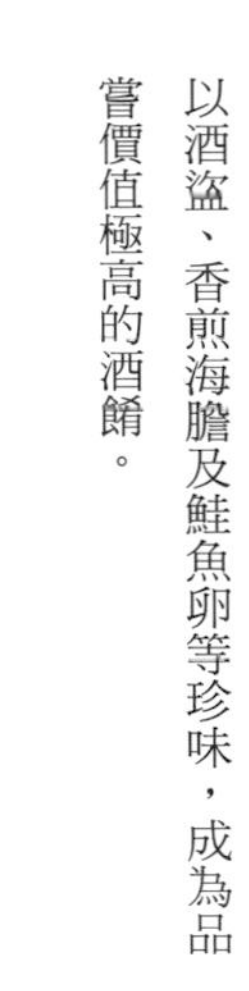

將一口大小的生魚片分別搭配細切成絲的爽脆南瓜、櫻桃蘿蔔及小黃瓜。更將其各自佐以酒盜、香煎海膽及鮭魚卵等珍味，成為品嘗價值極高的酒餚。

煙燻喜知次佐綠醬

以能夠呈現燻香的「煙燻」手法，鎖住食材既有的味道。以短時間煙燻的方式，避免食材過熟是一大重點。最後再以帶稠的吉野醋為基底，製成添加有小黃瓜泥的綠醋，就能讓味道更為融合。

*製作方法請參照99～101頁

亮皮魚

醋漬小鰶魚 菊花水仙捲

這裡的「水仙」是指葛粉條。店家以香氣較濃的橘花花瓣製成葛粉條，搭配小鰶魚、茼蒿、醃漬薑片及柚子皮後捲起。鮮豔的色彩搭配及清爽的餘韻表現，是道令人留下高貴印象的料理。

檸檬慕斯風 醋漬小鰶魚佐甘藍

在以甜醋入味的高麗菜上，將醋漬小鰶魚擺盤成花的形狀。帶有檸檬香的爽口慕斯是以吉野醋調製而成。最後再佐以棕櫚油 增添濃郁及色味表現。

味噌醬油風沙丁生魚片

使用新鮮沙丁魚製成的房總鄉土料理「なめろう」。但店家以細切魚片取代剁碎肉泥，搭配紫高麗菜等西洋蔬菜，增添高級氛圍。並淋上以田舍味噌為基底的味噌醬，保留樸素風情。

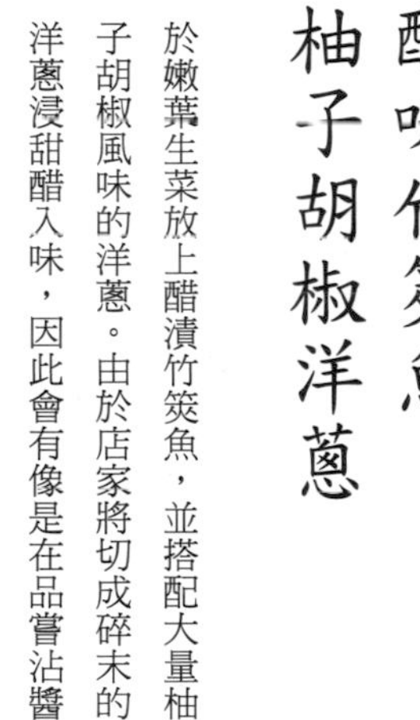

炙燒醋味竹筴魚佐柚子胡椒洋蔥

於嫩葉生菜放上醋漬竹筴魚，並搭配大量柚子胡椒風味的洋蔥。由於店家將切成碎末的洋蔥浸甜醋入味，因此會有像是在品嘗沾醬的感覺。竹筴魚皮以火炙燒的香氣四溢，增添與蔬菜的融合度。

香煎柴魚裹漬鯖

店家先將以醬油入味的柴魚片煎到酥脆，製成柴魚粉。接著將鮮味香味極佳的醃漬鯖魚裹上柴魚粉，呈現出另一種不同風味。在料理各種海鮮時，皆可以此方式取代沾醬醬油。

*製作方法請參照101～102頁

貝類

磯邊醬油風 牛角蛤佐海膽

使用形狀不完整或盒中剩餘的海膽製成拌物料理。海膽的風味與牛角蛤、扇貝、烏賊等海鮮的甜味搭配性極佳，即便海膽分量不多，也能呈現出高檔印象。最後再佐以使用了青海苔的磯邊醬油，展現濃郁的海潮味。

蒸鮑魚 佐醃漬鮑魚肝

將蒸得軟嫩的鮑魚搭配難得一見的醃漬鮑魚肝小缽料理。鮑魚肝雖較常以醬油佐味，但店家改以醃漬成重鹹滋味，自製成少見的醃漬珍味，也能博得客人歡心。

青柳貝奉書捲 佐海膽醬油

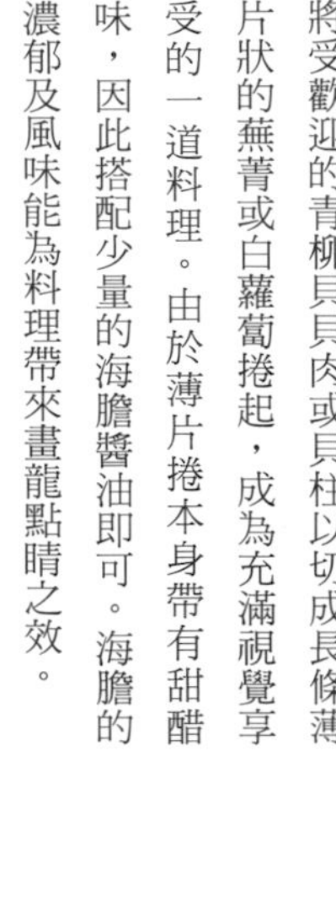

將受歡迎的青柳貝貝肉或貝柱以切成長條薄片狀的蕪菁或白蘿蔔捲起，成為充滿視覺享受的一道料理。由於薄片捲本身帶有甜醋味，因此搭配少量的海膽醬油即可。海膽的濃郁及風味能為料理帶來畫龍點睛之效。

炙燒鳥尾蛤 佐蛋黃醋

輕炙鳥尾蛤，帶出其中甜味，更能讓香氣表現加分。連同生豆皮擺放於菊苣上，雖然分量不多，卻也能透過擺盤，提高客人的滿足程度。最後淋上能夠凸顯鳥尾蛤之黑的蛋黃醋，瞬間加深對料理的印象。

日式黃芥末醋味噌 赤貝菊花蕪菁拼盤

為了凸顯出赤貝的高級感，店家選擇將其擺放於雕成菊花形狀的蕪菁上。由於蕪菁有先浸漬於帶有昆布風味的鹽水中，因此更能品嘗出水嫩口感及甜味。日式黃芥末醋味噌在加入芝麻糊後，不僅增添了風味，也讓蔬菜變得更加可口。

*製作方法請參照103頁

烏賊、章魚

烏賊起司捲 佐三卵拼盤

使用正值產季的烏賊，製成與日本酒及葡萄酒相當搭配的下酒菜。店家選用味道較柔和的加工乳酪作為餡料，發揮鮭魚卵、美鹽玉子以及魚子醬本身的味道。美鹽玉子是以蛋黃＊沾鹽調成的濃稠醬料。

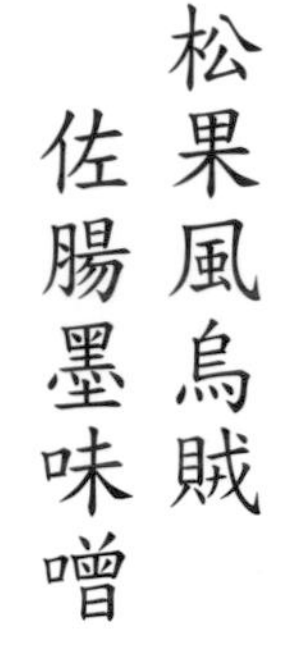

松果風烏賊 佐腸墨味噌

將劃有細刀痕的烏賊表面炙燒，使其猶如呈現松果形狀。店家非常推薦在品嘗時，淋上些許風味濃郁到會讓人上癮的腸墨味噌。腸墨味噌是以去腥的內臟及墨汁製成，在處理烏賊時，只要將內臟及墨汁以鹽調味，即可作為運用。

汆燙章魚 佐松子

將切成錢幣形狀的章魚快速汆燙，成外熟內生狀態。章魚在以這個小動作處理過後，就能與炸過的松子更加搭配。將適合與章魚搭配的梅丁肉混拌於山藥泥中，清淡的酸味讓整個料理變得清爽。

＊製作方法請參照104頁

＊譯註：蛋黃日文為「卵黃」，因此料理名稱為「卵」。

人氣店的創意壽司料理

店家為了增加客群範圍，開發具創意性的單品料理就變得更為重要。無論是將壽司店必點的茶碗蒸、小缽、燒烤、燉煮料理增添新風味、在料理的呈現上多下工夫，或是結合其他類型的料理風格，推出創意料理，又甚至是找出能同時降低物料成本的菜單開發手法，在這之中都能看出人氣鼎盛的壽司店是如何推陳出新與集思廣益。

東京・銀座

銀座 とざき 濤﨑裕也

小明蝦、原味香菇、菊花佐芝麻味噌

前菜料理。店家以蝦子的紅、香菇的黑、菊花的黃相搭呈現鮮豔色澤。香菇經鹽烤後，鮮味更加明顯，小明蝦與茼蒿則是拌佐玉味噌＊及芝麻醬汁，花點心思處理各個食材，並費以心思料理，呈現出更為融合的風味。

銀羹香箱蟹

這是三道前菜中的其中一道料理。使用一整隻產季落在11～12月的香箱蟹，並澆淋上帶稠滑順的銀羹。富含高湯鮮味的銀羹搭配細切生薑的風味及蕪菁的甜味，能在寒冷的季節暖和身體。

＊製作方法請參照105頁

＊玉味噌：以花椒味噌或醋味噌調製而成的味噌。

銀座 とざき

鮪魚佐醃漬白蘿蔔海苔捲

這道是店家的下酒菜之一。將剁碎的鮪魚骨邊肉及名為「いぶりがっこ」的醃漬白蘿蔔以海苔包起，製成細捲。一口大小的分量不僅客人容易享用，鮪魚的滑稠口感搭配醃漬白蘿蔔的清脆口感更是這道佳餚的美味之處。

輕炙河豚佐烏魚子

這是道以生魚片方式提供的河豚料理。店家以料理河豚時相當受歡迎的輕炙方式，搭配讓人耳目一新的擺盤，呈現出充滿新鮮感的一道佳餚。河豚先略經湯霜處理後，再稍微炙燒表面，帶出香氣，最後再佐以分蔥的清爽、烏魚子的鮮味與紅葉泥的辛辣。

蒸鮑魚 豆皮豆腐佐肝醬

店家選擇以壓力鍋短時間料理不容易煮到軟嫩的鮑魚。讓原本需要7～8小時的烹調時間縮短為1小時即可熟透。醬汁則是以鮑魚肝搭配奶油及土佐醬油，呈現出濃郁醇厚風味。最後搭配上豆皮及生海膽，增加享受美味的氛圍。

扇貝蕪菁 栗味噌燒 佐熱烤鰆魚櫻花蝦

將鹽烤過的鰆魚抹上以生櫻花蝦製成的蝦泥後，烤到香氣四溢。抹在扇貝上的「栗味噌」是以栗子泥、白醬、白味噌及砂糖製成。「栗味噌」也會使用在焗烤伊勢龍蝦等寒冷季節時會推出的暖身佳餚中。

湯霜太平洋鱈佐蔥醬

煮物料理之一。在『とざき』較少看見一般常見的甜辣風味燉煮魚，店家反而較常以稍微過火的魚類搭配泥狀的蔬菜醬汁為組合。除此之外，也會佐以海苔醬汁、羅勒醬汁、牛肝菌醬汁等。

*製作方法請參照105～106頁

涮鰤魚

店家在先付料理＊中使用了冷盤及熱菜，為整個套餐流程注入緩急步調。此道熱菜是先將片成薄片的鰤魚短暫地浸在高湯中，以稍微加熱的方式提供客人。並搭配上香菇、大白菜、茼蒿等蔬菜享用，客人更可依自己的喜好撒點黑七味粉，讓口感更為清爽。

白味噌西京風味蕪菁玉蒸蟹

加有蕪菁及螃蟹的蛋蒸可用來做為碗物料理。以高湯入味的蕪菁為容器，搭配以螃蟹殼熬煮的高湯及西京味噌展現的濃郁風味。再將蕪菁葉汆燙後以濾網壓成泥狀，做成醬汁，充分使用食材不浪費。

甘鯛若狹燒

這是店家在上壽司前提供的燒烤料理之一。將撒鹽的甘鯛（馬頭魚）以炭火醬燒，並搭配由生海苔、生奶油、紅蔥頭等製成的醬汁。此外，蜜糖地瓜及菊雕蕪菁等裝飾物也都精心製成，讓整道料理看起來更有質感。

＊先付料理：宴席餐點中，最先上桌的小菜類菜餚

牛舌佐辣羹

這是店家在上完生魚片後提供的「逸品」料理。一般而言，「逸品」多半會是肉類料理，圖中的料理是將牛舌以壓力鍋燉軟後，搭配以日式黃芥末調味的銀羹。此外，店家也推出將牛舌搭配柚子醋奶油醬等相當具獨創風味的料理。

炸海老芋丸佐海膽

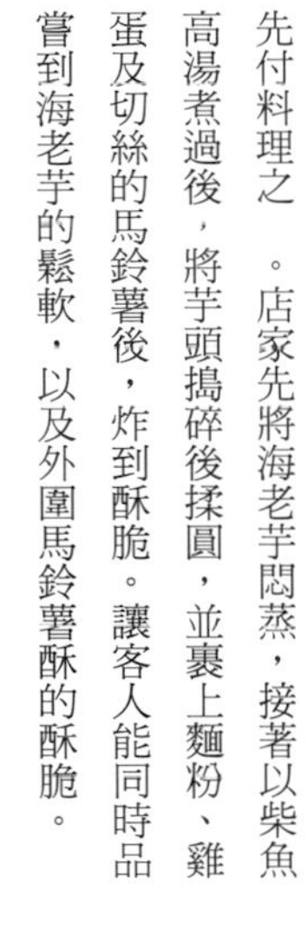

先付料理之　。店家先將海老芋悶蒸，接著以柴魚高湯煮過後，將芋頭搗碎後揉圓，並裹上麵粉、雞蛋及切絲的馬鈴薯後，炸到酥脆。讓客人能同時品嘗到海老芋的鬆軟，以及外圍馬鈴薯酥的酥脆。

白蝦佐肝醬

這是店家針對飲酒客人，在上菜空檔時提供的簡單下酒菜。以簡單生食的方式，讓客人能夠品嘗到白蝦滑稠濃郁的鮮味。淋上以魷魚肝製成的醬汁後，就像是添加了醃漬鹽辛時的濃縮鮮味。

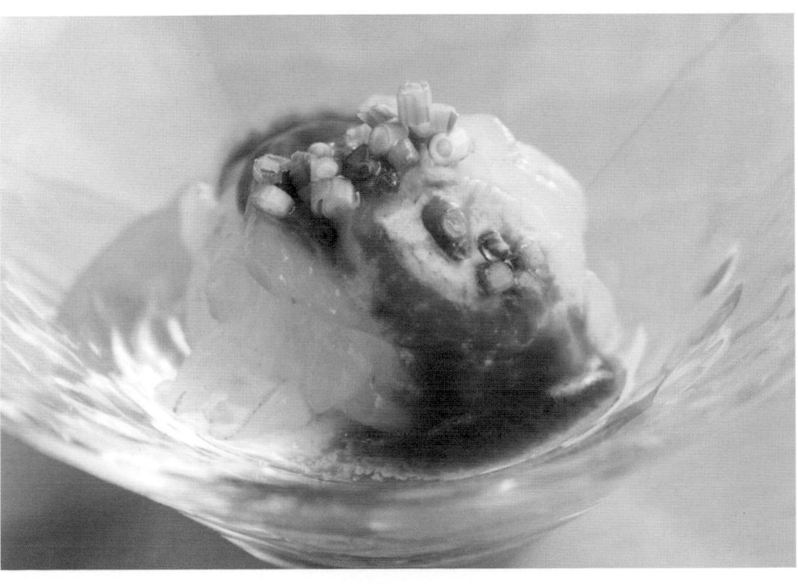

*製作方法請參照107～108頁

人氣店的 創意壽司料理

石川・金沢

寿し割烹 **葵寿し** 馳信治／新田裕也

茶碗蒸佐松葉蟹羹

店家將蛋液以保鮮膜包裹成球狀的方式熱蒸後，再放入容器，而非直接倒入茶碗當中。是道充滿變化的茶碗蒸料理。使用的餡料包含銀杏、香菇、蝦子，羹汁則是放有大量的松葉蟹肉絲，讓人品嘗起來相當享受。

酥炸牡蠣

以切絲馬鈴薯代替麵包粉，製成麵衣酥脆的改良版炸牡蠣。除了華麗的外觀外，在口感上更充滿享受。店家表示也可與塔塔醬一同品嘗。擺盤中另有許多炸加賀蓮藕及生鮮蔬菜。

白子真丈　炙燒白子　佐柿凍

使用鱈魚白子（即精囊），以真丈*與燒烤兩種方式烹調，提高料理的附加價值。店家於白子真丈中加入當地特產的加賀丸芋，將丸子蒸得鬆軟。炙燒白子則是鋪在昆布上，以增加風味。以柿子泥及柚子醋製成的「柿凍」則帶來清爽的酸甜口感。

酥烤赤鮭

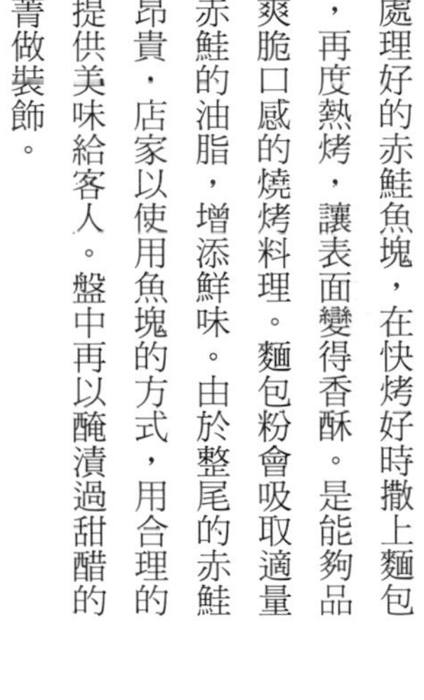

使用處理好的赤鮭魚塊，在快烤好時撒上麵包粉後，再度熱烤，讓表面變得香酥。是能夠品嘗到爽脆口感的燒烤料理。麵包粉會吸取適量來自赤鮭的油脂，增添鮮味。由於整尾的赤鮭價格昂貴，店家以使用魚塊的方式，用合理的價格提供美味給客人。盤中再以醃漬過甜醋的紅蕪菁做裝飾。

壽喜燒風牛肉捲

將以胡蘿蔔、蘆筍、金針菇為餡料的牛肉捲燒烤過後，加入溜醬油*、味醂、酒、砂糖烹煮。雖然看上去是肉捲，但品嘗起來卻是壽喜燒風味，是視覺及味覺間存在差異的一道料理。另外更搭配上以高湯入味的汆燙迷你番茄、滷紅蕪菁、滷胡蘿蔔，透過滷蔬菜的柔和風味，讓整體表現更為協調。

*製作方法請參照109～110頁

*真丈：將肉搗碎，加入山藥或蛋白製成丸狀。　*溜醬油：單純以大豆釀製，鮮味濃郁且香氣獨特的醬油。

石川・金沢

寿し割烹 **葵寿し**

蓮蒸鮮鰻

「蓮蒸」是使用加賀產蔬菜「加賀蓮藕」做成的鄉土料理。一般而言會先將鰻魚或蝦子等海鮮放在最底下，接著於上方擺放蒸過的蓮藕泥，但店家選擇將擺盤方式對調，把鰻魚放在上方。為的就是將價格不斷飆漲的鰻魚讓客人一眼可見。最後淋上蛋羹，讓配色表現更為華麗。

海參佐紅蘋

這是以冬天常見的「味噌風味醋海參」改良而成的料理。店家以蘋果泥取代擺在海參上方的蘿蔔泥。調味醋則添加了檸檬汁及柚子皮，呈現充滿果香的酸味。最後更以酢橘皮作為容器，同時放上海參的卵巢，日文名為「口子（くちこ）」。

人氣店的　創意壽司料理

東京・北千住
にぎりの一歩　佐藤博

蟹膏豆腐

於豆漿加入蟹膏與松葉蟹絲，搭配葛粉或吉利丁熱蒸凝固。由於可事先烹調，因此是道只要擺上蟹肉後，即可快速上桌的料理。成本相對低廉，對店家確保獲利頗有幫助。

辣滷圓鱈

店家使用了重量達180g的圓鱈，因此料理分量十足。以中央廚房製造的滷汁燉煮圓鱈，讓醬汁變得黏稠。客人可以將魚肉沾取充滿鮮味的滷汁品嘗。搭配一旁的泡菜，為口感風味加分，是道非常適合下酒的料理。使用圓鱈的話，食材成本佔比為四成。

＊製作方法請參照110～111頁

特大燒烤星鰻

使用整尾星鰻，是道成本佔比達九成五的亮眼料理。店家以醬油、酒、砂糖將星鰻燉煮，當客人點菜後，再以明火烤箱（Salamander）將兩面烤到稍微帶焦。接著切成兩半，讓客人能品嘗到鹽味及醬汁兩種不同風味。

炸蝦丸

以魚漿、蝦子及洋蔥製成魚丸。以多功能蒸氣烤箱加熱十分鐘。當客人點菜後，店家會再以青紫蘇包裹蝦丸，沾上天婦羅粉，油炸後供客人享用。由於蝦丸已先經過處理，因此能縮短油炸時間。

合鴨里肌佐黑蒜

採購合鴨鴨塊，做成每盤重量達70g的料理。將鴨肉表面烤到出現香氣後，放入蕎麥麵沾醬滷製，使鴨肉呈現外熟內生狀態。盤中再擺上市售黑蒜，達畫龍點睛之效。此料理的成本稍微昂貴，食材成本佔比為七成。

炸牛蒡

先以高湯、味醂、濃口醬油、砂糖將牛蒡燉煮兩小時以上，使其入味。當客人點菜後，再裹上太白粉油炸。可直接食用，品嘗高湯風味，也可選擇佐以美乃滋或七味粉，相當適合與酒一同享用。

地瓜條佐蜂蜜奶油

相當受到女性客人歡迎的獲利料理。店家將先蒸過的地瓜直接油炸，形成外酥內軟的口感。除了使用紅東地瓜外，也會依照季節，選用不同品種。店家將蜂蜜另外裝盤，讓客人能依自己喜好沾取享用。

蘿蔔蟹羹

將蘿蔔泥、葛粉、太白粉加熱，揉製成蘿蔔糕泥。當客人點菜後，店家才會將糕泥搓揉成型，裹上太白粉後，直接油炸。蟹羹則是以高湯、味醂、薄口醬油以及松葉蟹絲做成。是道花費功夫，讓美味加分的高獲利料理。

*製作方法請參照111~112頁

讓美味更美味

最新

壽司沾醬、淋醬、醬凍&新風味漬壽司

●烹調 石川・金沢『寿し割烹 葵寿し』 馳信治／新田裕也

「壽司」，雖然不過就是以食材搭配壽司飯的簡單組合，但從古至今，料理人為了不讓壽司過於單調，可說是絞盡腦汁。透過能夠為壽司帶來濃郁及鮮味的壽司沾醬、淋醬，甚至是能享受到口感的醬凍，注入變化元素。不僅如此，更有店家採用全新的浸漬手法，希望增加「壽司」的魅力。

〈西洋風味〉充滿果香的壽司沾醬

以能與海鮮相輔相成的水果為基底製成的壽司醬。使用酪梨等口味濃郁的水果，製成能用在許多料理上的調味醬。

自製美乃滋塔塔醬

自製的美乃滋醬能減少油分及醋量。另外也可以切碎的生薑或小梅子取代荷蘭芹，呈現更多變化。

〈材料〉

自製美乃滋

（蛋黃…1顆　沙拉油…80㎖　醋…25㎖
鹽・胡椒…各少許）

荷蘭芹…適量　水煮蛋…適量

〈製作方法〉

①製作美乃滋。將沙拉油分批加入蛋黃中，並以打蛋機攪拌，使其乳化（若沙拉油不分批少量加入，將可能會出現分離情況，須特別注意）。

②加入所有沙拉油，並完成乳化後，再添加醋，使其呈現奶油狀，接著以鹽、胡椒調味。

③於②加入荷蘭芹碎末及搗碎的水煮蛋，製成塔塔醬。

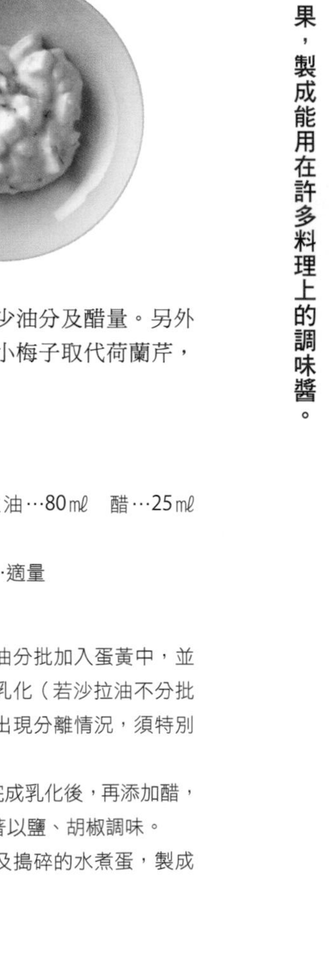

蝦壽司
佐自製美乃滋塔塔醬

酪梨醬

加入蠔油及融化奶油後，更能增添濃郁風味。須選用全熟的酪梨。

〈材料〉※ 比例

酪梨… 5

美乃滋… 1

蠔油…0.5

奶油…少許

〈製作方法〉

①將酪梨剝皮去籽，搗成泥狀。

②於①加入美乃滋攪拌，接著加入蠔油。

③於②加入融化奶油後攪拌，完成滑順的酪梨醬。

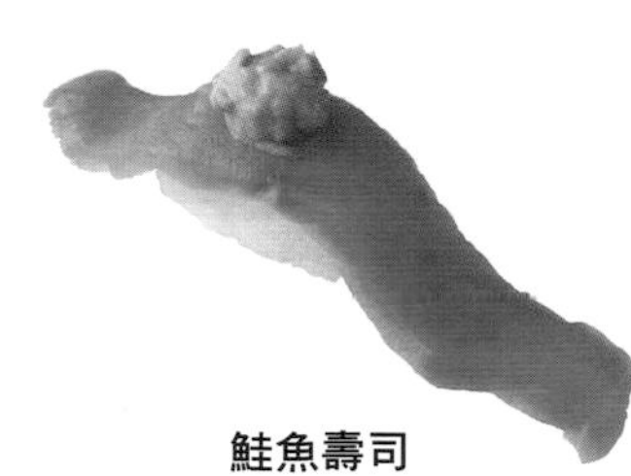

鮭魚壽司
佐酪梨醬

酪梨明太子醬

將自製美乃滋及辣味明太子與酪梨混拌製成。可增加明太子的使用量，強化刺激風味。

〈材料〉※ 比例

酪梨…3

辣味明太子… 1

美乃滋… 1

〈製作方法〉

①將酪梨搗碎，加入美乃滋後，充分攪拌。

②於①加入辣味明太子並攪拌，即可完成酪梨明太子醬。

鮭魚軍艦捲
佐酪梨明太子醬

無花果醬

無花果新鮮的酸甜風味，是個連顏色也相當美麗的壽司醬。加入醬油及味醂提味，讓酸味變得柔和。

〈材料〉※ 比例

無花果… 1 顆

酒　醬油　味醂…各少許

〈製作方法〉

①使用全熟的無花果，剝皮後，以菜刀將果肉剁成泥狀。

②於①加入少許的酒、醬油及味醂，充分攪拌後，即可完成無花果醬。

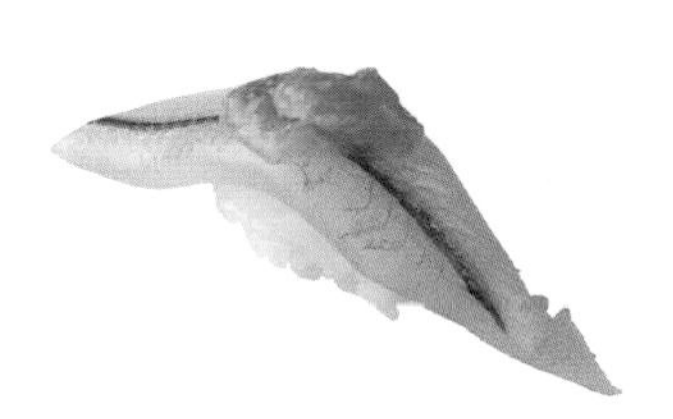

水針魚
佐無花果醬

奇亞籽醬

傳說中的超級食物。奇亞籽是唇形科植物「鼠尾草」的種子，產地位於中南美洲。含有豐富的 Omega-3 脂肪酸及營養價值。浸泡水中會變得黏稠。由於沒什麼味道，因此可透過調味作相當多的運用。

〈材料〉

奇亞籽

柚子醋

〈製作方法〉

①將奇亞籽浸在雙倍的水中十分鐘，使其膨脹。

②當奇亞籽吸水膨脹後，加入適量柚子醋，製成奇亞籽醬。

炙燒白子
佐奇亞籽醬

〈日式風味〉風味濃郁的壽司淋醬

重新將日本料理拌物或菜餚使用的淋醬調整。以醋味噌及梅子肉等為基底，精心製作出更適合的壽司醬。

梅子醬

使用顏色漂亮的梅乾。依照梅乾的鹹度，也可選擇添加味醂。醬油則只須添加少量用來提香。

〈材料〉
梅乾　醬油

〈製作方法〉
①取出梅乾籽，以菜刀剁碎果肉，使其呈泥狀。
②於①加入少許醬油提香，製成梅子醬（醬油的添加量以不讓梅子肉變色為原則）。

裙帶菜孢子葉梅醬

於梅子肉添加帶稠度的裙帶菜孢子葉，色澤美麗，非常適合作為淋醬。也可於醬汁中加入剁碎的醋昆布或秋葵。

〈材料〉
梅乾　裙帶菜孢子葉　醬油

〈製作方法〉
①取出梅乾籽，以菜刀剁碎果肉，使其呈泥狀。再加入少許的酒稀釋。
②以菜刀剁碎裙帶菜孢子葉，使其變黏稠。
③將①的梅泥與②的裙帶菜孢子葉以6：4或7：3的比例調製成醬。

醋味噌醬

使用帶有米麹甜味的濃醇白味噌，製作成醋味噌醬，非常適合作為亮皮魚或貝類壽司的醬料。

〈材料〉
白味噌…200 g
醋…60㎖
味醂…適量
砂糖…適量
黃芥末…7g

〈製作方法〉
①將白味噌放入搗缽，加入砂糖充分磨拌。
②於①分次慢慢加入味醂及醋，充分攪拌後，再加入以熱水化開的黃芥末，攪拌均勻，即可完成。

鹽麴醬

鹽麴醬非常適合用來搭配白蘿蔔、蕪菁、小黃瓜等蔬菜類壽司品嘗。建議也可將鹽麴醬作為淺漬或沙拉的調味用醬。

〈材料〉※比例
鹽麴…1
煮過的酒…0.5

〈製作方法〉
①於鹽麴（市售品）加入煮過的酒，使其溶解，並調整濃度。
（由於鹽麴非常鹹，因此必須以煮過的酒調整鹽分）。

生章魚
佐梅子醬

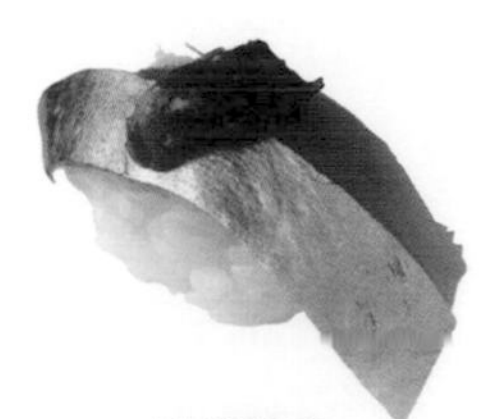

醋漬鯖魚
佐裙帶菜孢子葉梅醬

沙丁魚
佐醋味噌醬

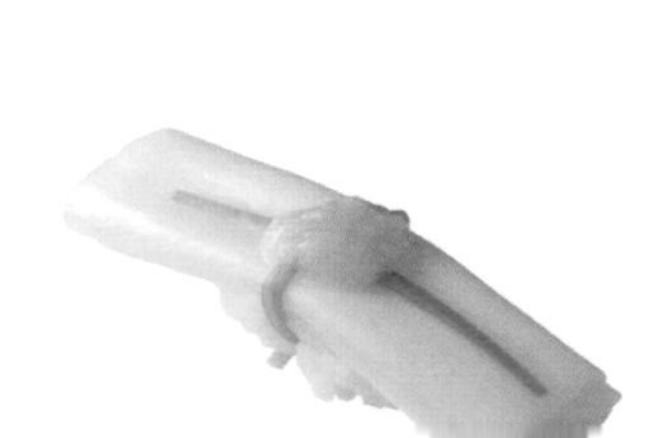

蘿蔔片壽司
佐鹽麴醬

〈奢華風味〉泥狀珍味醬

作為下酒菜也相當豪華的珍味醬。蟹膏及海參腸這類食材可直接使用，無須耗時費工，相當方便。可捏握成附加價值極高的壽司。

鮑魚肝醬

直接使用活鮑魚的肝臟。味噌與生薑汁僅須少量提味即可。藉由肝臟的濃郁口感增加鮮味。

〈材料〉
鮑魚肝　田舍味噌
醋　生薑汁

〈製作方法〉
①將生鮑魚肝搗成泥狀，加入少量的田舍味噌提味，攪拌均勻。
②於①加入少許的醋及生薑汁攪拌，即可完成鮑魚肝醬。

鮑魚
佐肝醬

蟹膏醬

以蟹膏醬搭配蟹肉壽司將能更添風味。但為了能讓蟹肉本身充分發揮，蟹膏醬的量不可過多。

〈材料〉
蟹膏　酒　味醂

〈製作方法〉
①將蟹膏製成泥狀。
②於①加入少許的酒及味醂，稍微加熱，但不可破壞風味，充分攪拌後，即可完成蟹膏醬。

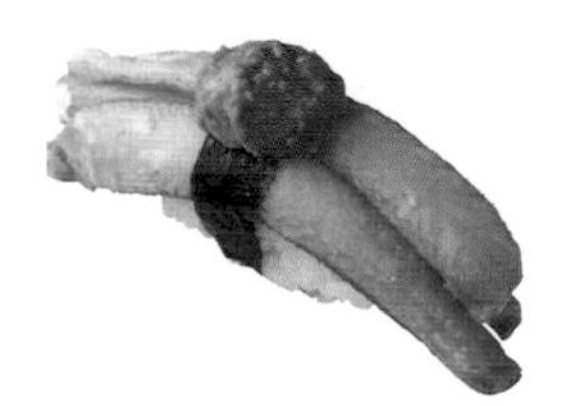

螃蟹
佐蟹膏醬

海参腸醬

堪稱珍味之首的海參腸鹽辛非常適合搭配烏賊或白身魚等海鮮。但這類珍味的喜惡非常兩極，因此建議確認客人的口味後，再決定是否使用。

〈材料〉
海參腸
（將海參的腸子醃製成鹽辛）

〈製作方法〉
①使用市售已調理過的海參腸鹽辛。可直接作為沾醬使用，也可以利用菜刀剁出黏性，如此一來就更易於使用。
②當太過濃稠時，可加酒稀釋。

烏賊
佐海參腸醬

〈新口感風味〉濃稠的壽司醬凍

將味道較淡的壽司食材搭配柚子醋或調味料，將能凸顯出本身具備的風味。但液體醬汁會四處流動，調味料也無法固定。這時，若製成果凍狀的醬料就能附著於壽司食材之上，讓客人順利品嘗。

柚子醋醬凍

只須將店內必備的柚子醋加入吉利丁粉，即可簡單完成的醬凍。醬凍的硬度建議可依季節及使用方式做調整。

〈材料〉※比例

酢橘或臭橙等柑橘類果汁…6

醬油…4

味醂…1.5

酒少許、吉利丁粉適量

〈製作方法〉

①將柑橘類水果榨汁，與醬油混合。

②於①加入煮過的味醂＊及酒，靜置片刻，讓口感融合，即完成柚子醋。

③於②加入吉利丁粉使其溶化，製成醬凍。

[illegible]
佐柚子醋醬凍

烏賊腸醬

以醃漬烏賊鹽辛的方式處理烏賊腸，加入酒及味醂調味，製成醬汁。非常適合用來搭配烏賊腳或生章魚品嘗。

〈材料〉

烏賊腸　酒　味醂

〈製作方法〉

①將整個烏賊腸袋以鹽醃漬，依照製作醃漬烏賊鹽辛的方法，讓烏賊腸出水。

②將烏賊腸從腸袋中取出，搗成泥狀，並加酒調成適當稠度。若甜味不足時，可添加味醂，製成醬汁。

生烏賊腳
佐烏賊腸醬

海膽醬

海膽的濃郁鮮味非常適合用來搭配清淡的白身魚或烏賊等多種海鮮。可製成較濃稠的淋醬。

〈材料〉

生海膽　煮過的酒　醬油

〈製作方法〉

①將生海膽搗成泥狀。

②於①加入少許酒及醬油，製成海膽醬。

烏賊
佐海膽醬

＊煮過的味醂，日文為「煮切りみりん」，是指經過加熱使酒精成分揮發的味醂。

昆布茶醬凍

以常見的昆布茶粉製成的醬凍。添加於高湯中，將能讓鹽味變柔和。若使用在以昆布醃漬過的壽司食材上，將能更顯濃郁風味。

〈材料〉
昆布茶粉　高湯　吉利丁粉

〈製作方法〉
①將昆布茶粉加入高湯中攪拌。
②於①加入吉利丁粉，充分攪拌後，即可製成滑稠的昆布茶醬凍。

巴沙米可醋醬凍

將濃度及香氣皆非常強烈的巴沙米可醋以高湯稀釋，製成適合與壽司享用的醬凍。建議可搭配蝦類或蟹類壽司及海鮮沙拉品嘗。

〈材料〉※比例
巴沙米可醋…1
高湯…1
紅酒…0.5
吉利丁粉適量

〈製作方法〉
①於巴沙米可醋加入高湯及紅酒混合。
②於①加入吉利丁粉，充分攪拌溶解後，便可完成滑稠的醬凍。

青柚子醬凍

將風味絕佳的青柚子搭配薄鹽醬油及高湯製成醬凍。若將柚皮切碎加入，更能凸顯香味。非常適合與白身魚、海鰻、松茸等相搭配。

〈材料〉
青柚子　薄鹽醬油　高湯
吉利丁粉

〈製作方法〉
①磨下青柚子皮。
②於高湯加入吉利丁粉，並倒入①及少許薄鹽醬油。
③若最後再撒點柚皮碎末，將能更加增添風味。

土佐醋醬凍

土佐醋醬凍的使用範圍相當廣泛。除了壽司之外，也可淋在醋物或拌物等小缽料理上，由於能增添風味，因此相當受到喜愛。

〈材料〉※比例
高湯…3
醋…2
醬油…1
味醂…1
吉利丁粉適量

〈製作方法〉
①於高湯中加入醋、醬油、味醂，製成土佐醋。
②於①加入吉利丁粉使其溶化，即可完成土佐醋醬凍。

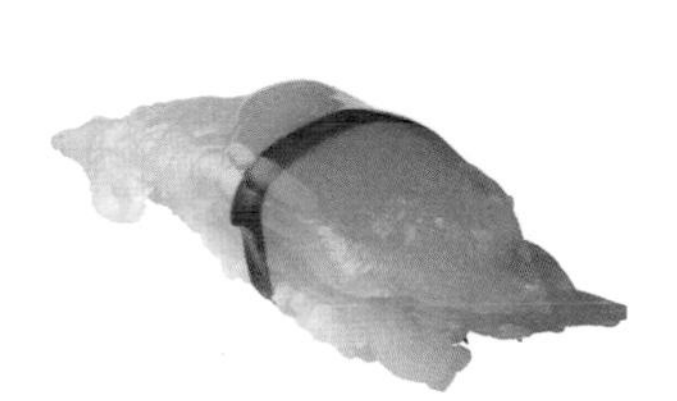

昆布漬比目魚
佐昆布茶醬凍

蟹肉軍艦捲
佐巴沙米可醋醬凍

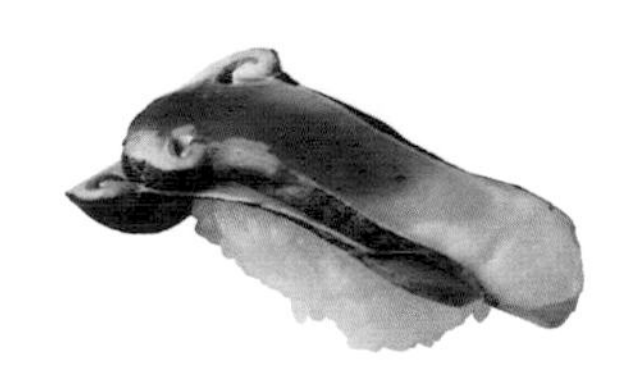

松茸
佐青柚子醬凍

炙燒赤鮭
佐土佐醋醬凍

〈新風味〉漬壽司

醃漬，是冰箱尚未問世的時代下所誕生的保存法之一。現在則被作為讓壽司食材更具濃郁風味的新手法。無須拘泥於醬油基底，不妨嘗試將味噌或芝麻等鮮味較強的醃漬醬汁拿來作運用。

備受注目的「分子料理」所帶來的全新泡沫口感

分子料理，這個受到各界注目，被比喻為是時尚美食學的新烹調方法。將食材以專門的液化氣瓶轉換成泡沫狀型態。分子料理主要會使用泥狀或液體食材，再以吉利丁、蛋白或馬鈴薯增加稠度。只要掌握訣竅，熟悉操作，挑戰分子料理也會變得相當有趣。享受泡沫輕柔地在口中溶解的全新口感。

柚子醋泡沫

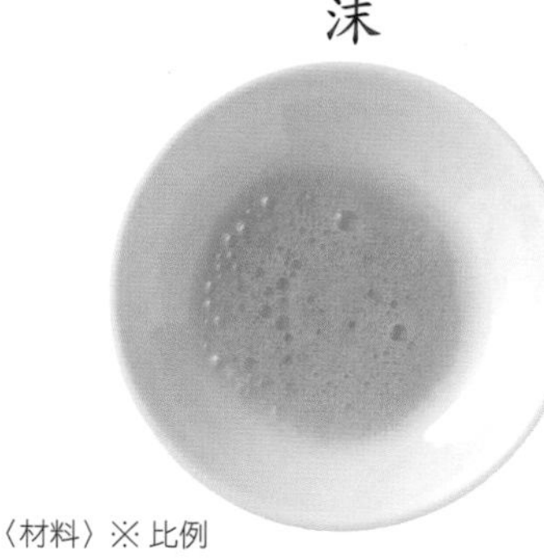

〈材料〉※ 比例

柚子醋…2　高湯…1　吉利丁粉…少量

〈製作方法〉

① 混合柚子醋與高湯。
② 於①加入吉利丁粉使其溶解，靜置數小時。
③ 將②放入分子料理設備，充分搖晃後，即可萃取出變成泡沫狀的柚子醋。

海鱸佐柚子醋泡沫

紅酒醬油漬壽司（鮪魚、甜蝦用）

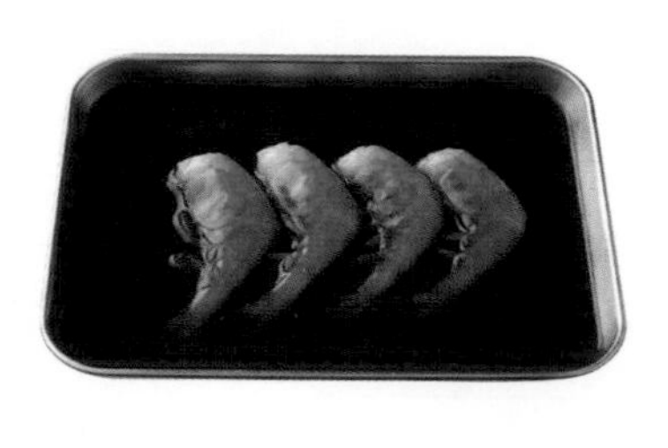

將既有的漬醬油與紅酒結合，為顏色及香氣加分。蛋黃是為了呈現濃郁表現，但也可視喜好自由選擇是否添加。這是能夠廣泛使用在鮪魚赤身及蝦類等海鮮的醃醬。可醃漬個 20 ～ 30 分鐘，使其稍微入味即可。

〈材料〉※ 比例

醬油…1　紅酒…1
味醂…1　蛋黃…1 顆

〈製作方法〉

①混合醬油、紅酒、味醂。
②將①加熱，接著加入蛋黃，以微火攪拌均勻。

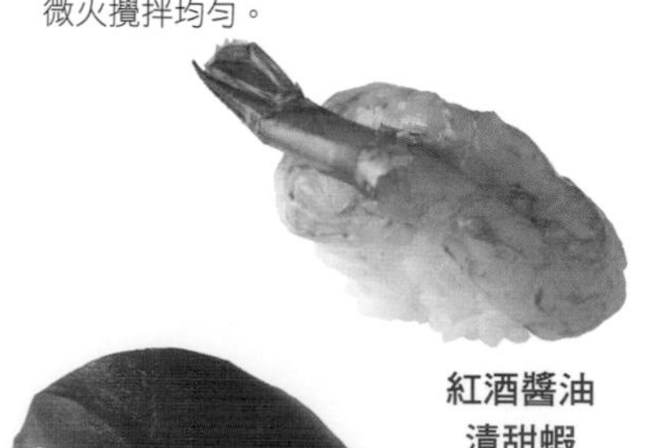

紅酒醬油漬甜蝦

紅酒醬油漬鮪魚

芝麻醬油漬壽司

以白芝麻製成的醃漬醬料。在鄉土料理中會出現「鯛魚芝麻茶泡飯」、「芝麻香沙丁魚」等菜餚，而芝麻醬油漬壽司就是將食材浸漬芝麻醬的變化料理。以芝麻醬取代處理芝麻的時間，稍微醃漬過後，就能為風味表現及濃郁程度加分，相當適合與白身魚搭配享用。若改用黑芝麻醬，也可選擇搭配亮皮魚。

〈材料〉※比例

白芝麻醬…1

煮過的酒…1　醬油…0.5

〈製作方法〉

①將白芝麻醬與其他材料充分攪拌混合。

②製成濃度適當的醃漬醬料後，將切好的壽司食材放入醃漬。

芝麻醬油
漬七帶石斑魚

鹽麴漬壽司

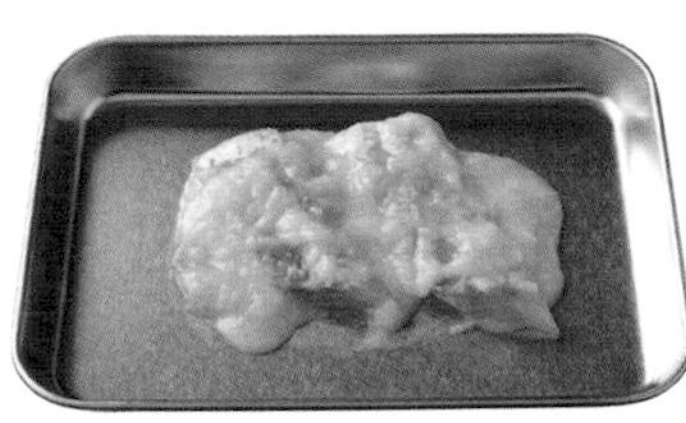

被作為調味料，愈來愈受到重視的鹽麴。能用來發酵的鹽麴富含鮮味成分。利用酒等材料調整鹽味後，還可使用在壽司食材上。鹽麴除了適合與白身魚做搭配外，藉由不同的變化方式，也能作為運用範圍廣泛的醃漬醬料。

〈材料〉※比例

鹽麴…1　煮過的酒…0.5

〈製作方法〉

①以酒將鹽麴稀釋，製成醃漬醬料，將切下的壽司食材浸入其中。

②浸漬20～30分鐘使其入味。

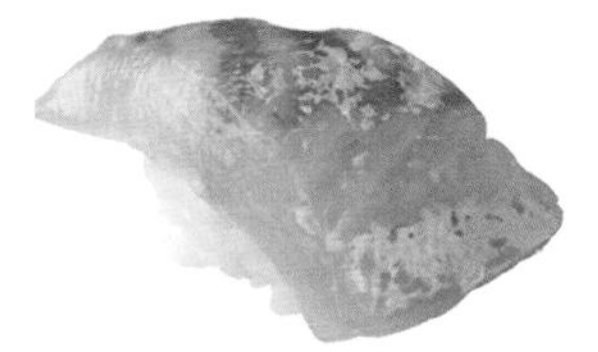

鹽麴
漬紅目大眼鯛

西京味噌漬壽司

這是以關西及四國地區相當常見，帶顆粒的白味噌為基底製成的醃漬醬料。此醃醬雖然較常用來醃漬魚類，但若將生壽司食材切片，兩面醃漬到帶有些許風味，便可製成鮮味濃郁的壽司。即便是短時間的淺漬也能具備十足風味。

〈材料〉

西京味噌（含顆粒）　煮過的酒

味醂

〈製作方法〉

①西京味噌的白味噌製造業者不同，甜味強度及風味也會有所差異。因此須邊確認味道，邊加入適量的酒及味醂稀釋。

②將①作為醃漬醬料，放入壽司食材進行醃漬。

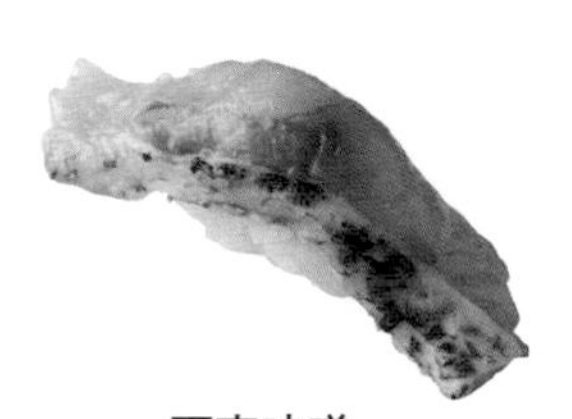

西京味噌
漬炙燒赤鮭

紅酒醬油漬壽司（鮑魚用）

添加有高湯的紅酒醬油醃漬醬汁。醬汁風味會慢慢地滲入蒸熟的鮑魚中。為了要讓醃漬醬油能夠充分凸顯鮑魚具備的貝類香氣，整體調味無須太重。當醃漬醬汁無法蓋過整顆鮑魚時，也可以塑膠袋等來取代料理盤。

〈材料〉※比例

高湯…5　紅酒…1

濃口醬油…0.5　砂糖…0.5

昆布…5㎝塊狀

〈製作方法〉

①於高湯加入紅酒等材料混合。

②於①加入昆布，浸漬到昆布出汁後取出。

紅酒醬油
漬鮑魚

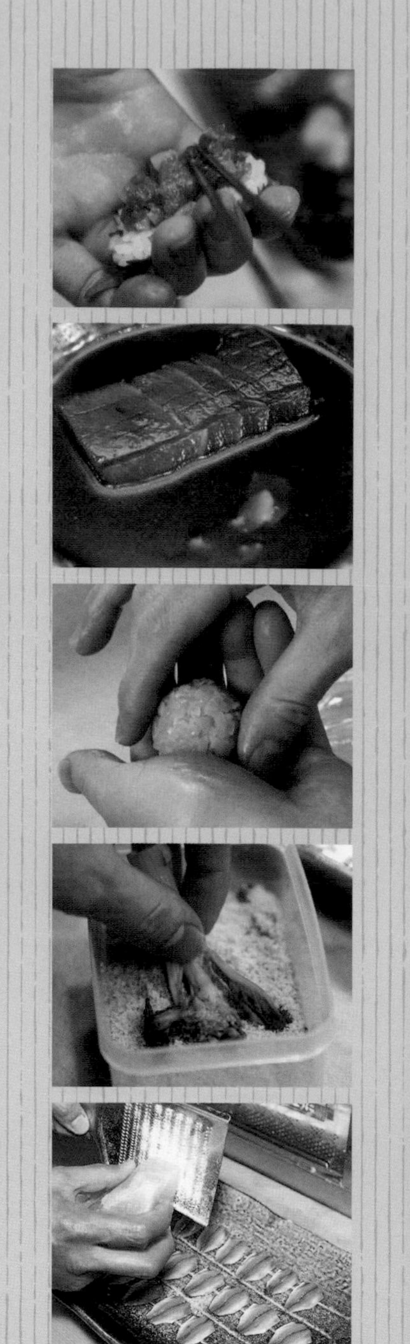

壽司烹調技術進化論

將代表著傳統的江戶前壽司烹調技術，注入嶄新元素，誕生了充滿現代感的壽司風貌。無論是壽司食材的調味、材料搭配、漬醋方法、滷製或燒烤食材等烹調法，壽司店為了能滿足現代饕客的喜好，無不對壽司的烹調方法下足功夫，努力提升壽司的價值。

精工雕琢，成就視覺也充滿享受的壽司

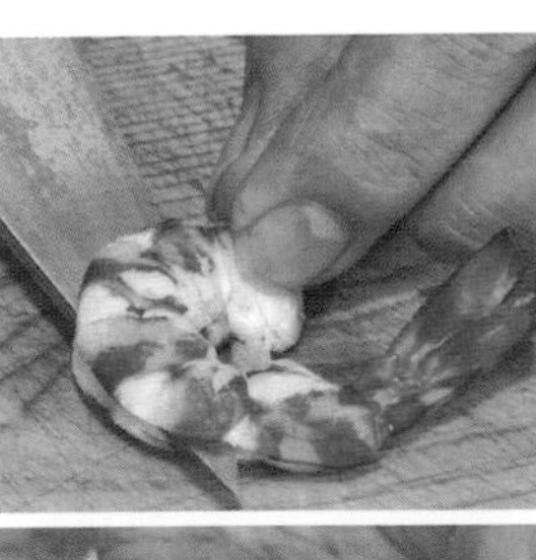

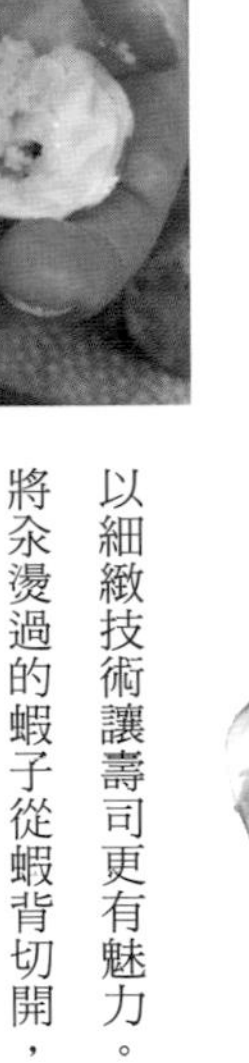

以細緻技術讓壽司更有魅力。將氽燙過的蝦子從蝦背切開，捲成圓形。於中間放入蝦鬆後，捏握成壽司。壽司造型與中國古代孩童的可愛髮型極為相似。

唐子蝦

撒上蝦鬆，讓味覺增添彩色魅力

蝦鬆不僅能增加壽司香甜，更能為色彩表現加分。為了更適合與酒一同品嘗，圖中的壽司灑有以鹽、醋及蛋黃製成的蛋黃蝦鬆，為蝦握壽司增添色彩。

蛋黃蝦鬆風味明蝦

淋上葛羹，讓壽司搖身一變成為全新料理

將日本料理的手法運用在壽司上。在明太子手毬壽司淋上以味醂及薄口醬油調味過的柴魚高湯所製成的高質感葛羹，成為帶有明太子燉粥風味的料理。

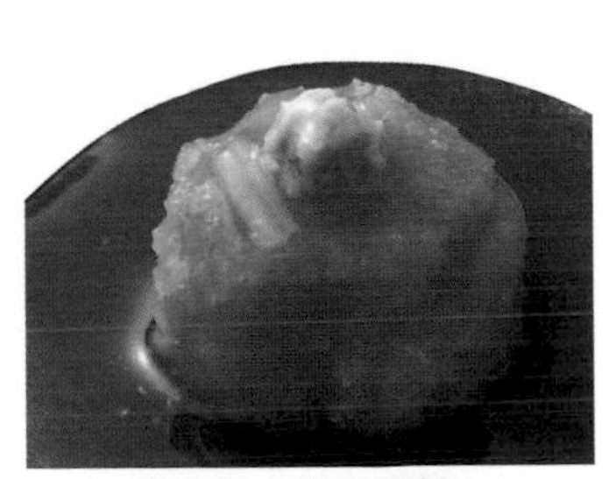

辣味明太子佐鮮羹

以加入肝臟的醬凍，帶來全新美味

充分呈現肝臟鮮味的醬汁，能帶來醬油所沒有的美味。例如像是將鮑魚的生肝剁碎，與味噌、生醋、生薑泥、三杯醋＊拌勻，製成果凍狀後，就成為能夠固定在壽司食材上的醬汁。

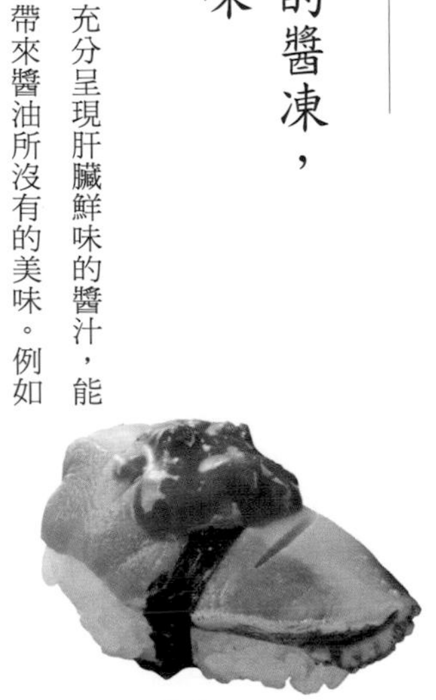

滷鮑魚壽司

＊三杯醋：將醋、醬油、味醂以1：1：1比例調成。

將蝦膏烹調後，成為壽司的新食材

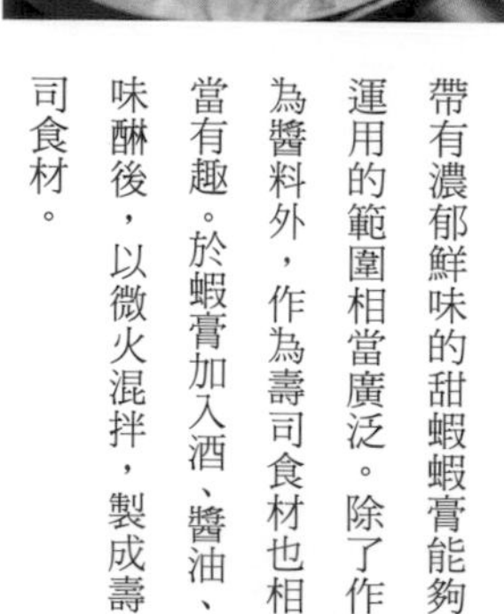

帶有濃郁鮮味的甜蝦蝦膏能夠運用的範圍相當廣泛。除了作為醬料外，作為壽司食材也相當有趣。於蝦膏加入酒、醬油、味醂後，以微火混拌，製成壽司食材。

甜蝦膏壽司

搭配塔塔醬，讓料理擁有截然不同的西洋風味

壽司飯雖然與美乃滋極為搭配，但若改用塔塔醬，將能呈現出不同於其他壽司店，更獨樹一格的西洋風味。於美乃滋加入洋蔥、蛋黃、荷蘭芹攪拌，完成自製塔塔醬。

蒸蝦壽司

透過與高級食材的搭配，讓蔬菜壽司更顯高貴

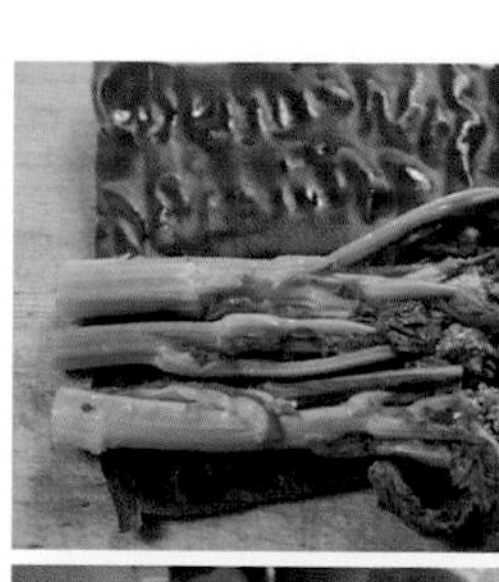

將蔬菜壽司作為換換口味的料理端上桌，雖然也相當美味，但卻會讓人有種廉價的印象。若將蔬菜以昆布醃漬，並和烏魚子等高級食材做搭配，就能搖身一變成為高檔壽司。

昆布漬山菜佐烏魚子

以油炸烹調，提高壽司的料理價值

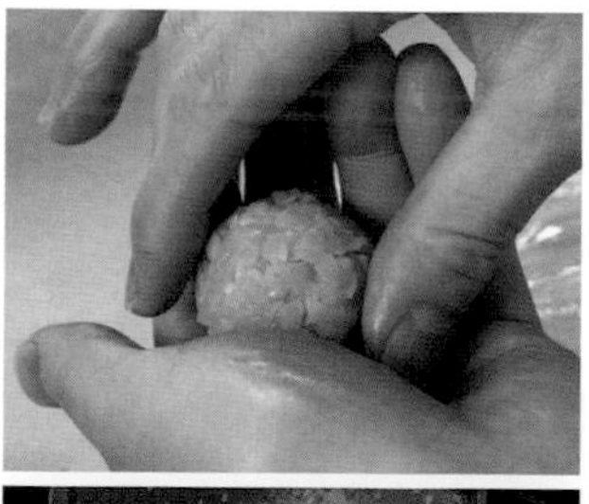

透過嶄新的料理手法，誕生出至今不曾有過的風味。那就是將手毬壽司裹上切成細丁的銀杏，灑粉油炸而成的料理。用來製成手毬的壽司飯更拌入了白芝麻、青紫蘇及鹽調味。

銀杏手毬壽司

將新素材相互搭配，誕生令人驚豔的風味

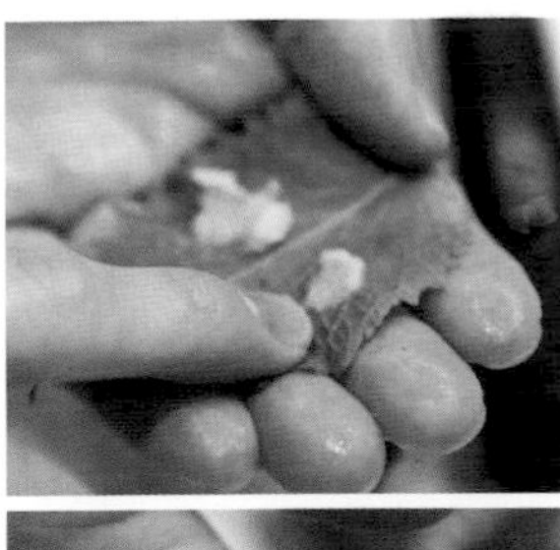

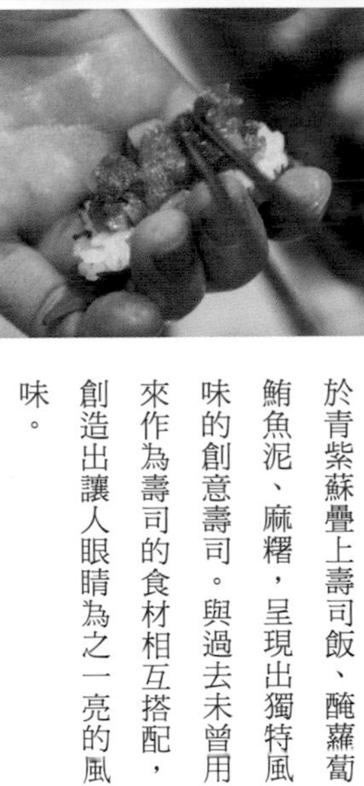

於青紫蘇疊上壽司飯、醃蘿蔔鮪魚泥、麻糬，呈現出獨特風味的創意壽司。與過去未曾用來作為壽司的食材相互搭配，創造出讓人眼睛為之一亮的風味。

鮪魚麻糬壽司

以新型態的醬油，呈現特有美味

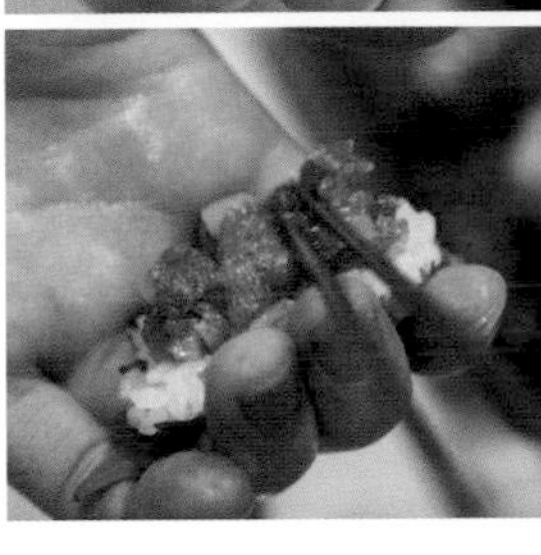

醬油會因材料不同，區分為多種種類及口味。於透抽劃刀後炙燒，透過精緻的烹調手法，讓客人能夠品嘗到佐以麴醬油的美味。

透抽壽司

蝦膏成了美味的新醬汁

將蝦膏運用在醬汁或沾醬中吧。將蝦膏搭配蛋黃及醬油調成的醬汁，淋在以刀劃開的蝦背上，將能讓蝦子的美味加分。

葡萄蝦

浸漬於蒜味醬油，讓鮮味加分

「醃漬」的手法在最近相當受到歡迎。將壽司食材簡單地浸在壽司醬油後，雖然也會變得美味，但若在醬油中加入大蒜，那麼將能更凸顯醃漬的鮮味，擄獲饕客味蕾。

中腹肉壽司

鄉土料理搖身一變成為壽司

以昆布入味的鱈魚肉與乾炒鱈魚子混拌的石川縣金澤正月料理，重新變化而成的軍艦捲。鄉土料理可是藏有能運用在壽司上的新靈感。

漬鱈魚子壽司

透過調味的精采演出，提高客人對料理的期待

於客人面前展現烹調技巧，也是江戶前壽司能享受到的醍醐味之一。以視覺方式，讓客人品嘗鹽的風味。將白身魚貼附在玻利維亞產的岩鹽數秒鐘，以這樣的演出方式提高客人對料理風味的期待。

大瀧六線魚壽司

改變料理型態，為客人提出新品嘗法

於壽司飯放上蟹肉、海膽及鮭魚卵，並撒上細磨的柚子皮，淋點壽司醬油後，供客人享用。讓客人以新方式品嘗壽司，同時能創造話題。

海中寶石

以新口感衍生新美味

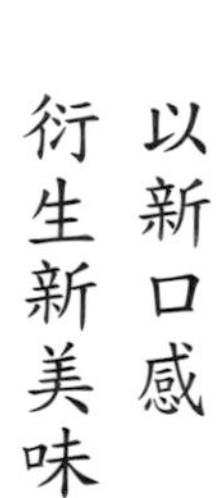

將稍微去鹽的醃蘿蔔切絲，與剁碎的鰤魚及白芝麻混拌，製成壽司捲。品嘗時的口感，再搭配海膽醬油中蘊含的海膽及壽司醬油的風味，不同於以往的新滋味總能吸引人氣。

鰤魚蘿蔔捲

以醬油醃漬亮皮魚，廣獲客人歡迎

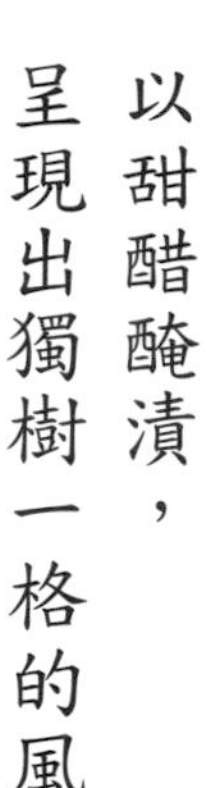

以新的調味方式處理亮皮魚類，讓不喜醋漬風味的人也能喜歡壽司。將魚浸漬於以高湯醬油稀釋過的醋汁中，不僅能緩和酸味，更能增加鮮味，也能成為一道帶有新風味的亮皮魚壽司。

醬漬小鰶魚

以甜醋醃漬，呈現出獨樹一格的風味

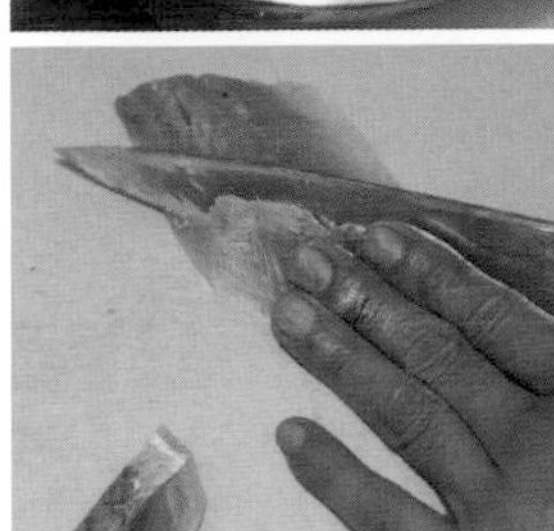

醋漬是江戶前壽司的傳統技術。在經過醋漬後，味道也會隨之改變。將魚浸在以味醂調成的甜醋中，不僅能緩和酸味，更能成為帶有甜味，充滿個性的醋漬壽司。

甜醋漬竹筴魚

將人氣的珍味料理變化為壽司

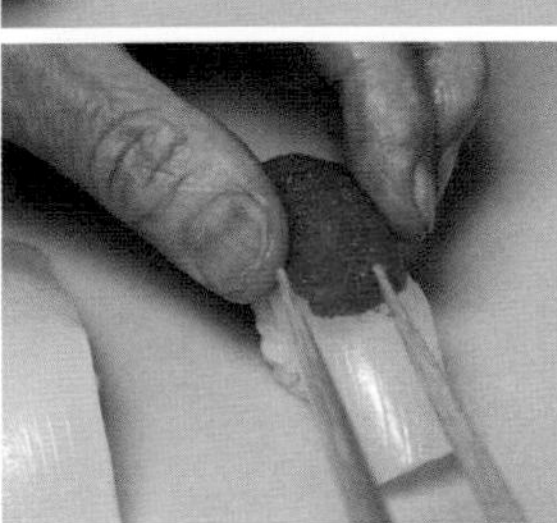

將珍味用來作為壽司新食材可是相當受到歡迎。將烏賊劃刀，放上明太子後捏握成壽司，將「烏賊明太子」的美味與壽司結合。

烏賊明太子壽司

以新食材取代海苔的軍艦捲

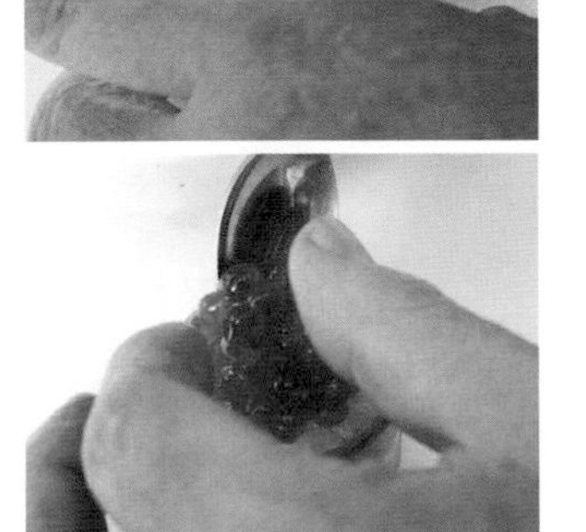

以小黃瓜及胡蘿蔔薄片捲成軍艦捲，並放上鮭魚卵及果凍。以其他食材取代海苔，除了能為色彩及風味帶來變化，還能成為充滿時尚感的捲壽司。

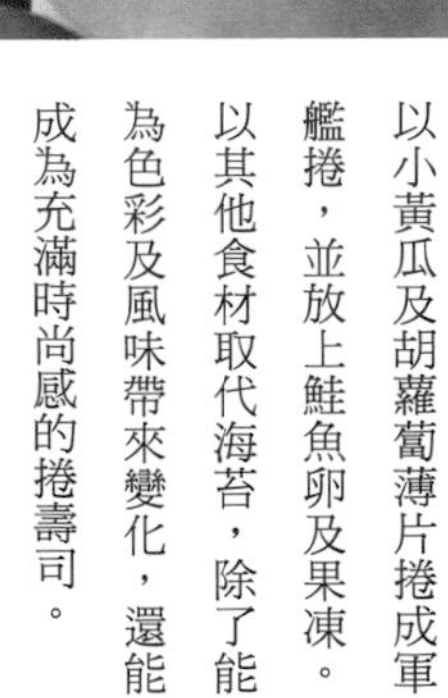

鮭魚卵紅酒凍捲

運用柑橘類，製成充滿果香的醋漬壽司

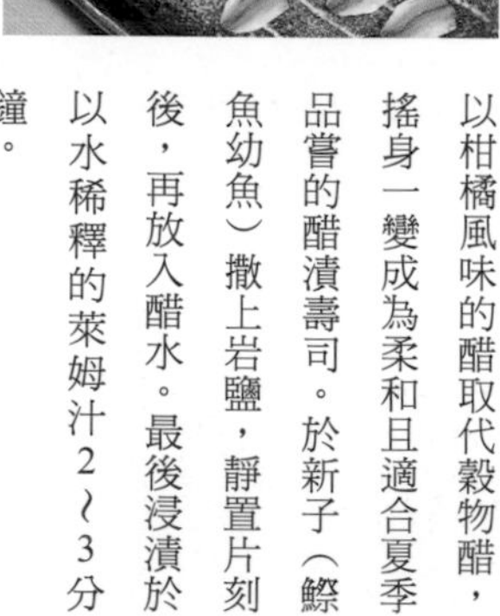

以柑橘風味的醋取代穀物醋，搖身一變成為柔和且適合夏季品嘗的醋漬壽司。於新子（鰶魚幼魚）撒上岩鹽，靜置片刻後，再放入醋水。最後浸漬於以水稀釋的萊姆汁2～3分鐘。

萊姆漬新子

以「剁碎」的料理手法，搭配醃漬食材增添口感

將魚肉以菜刀切碎雖能增加鮮味，卻也會導致口感變差。若這時加入醃蘿蔔丁，不僅能使口感提升，還能創造新風味。

竹筴魚丁壽司

以嫩煎方式去除腥味，增添鮮味

鮟鱇魚肝這類帶腥的壽司食材在經過嫩煎烹調後，即可消除腥味。最後淋上蒜味醬油，使其香氣四溢。

嫩煎鮟鱇魚肝

加入鮮味材料，增添奢華氛圍

添加味噌或內臟等鮮味食材後加以炙燒，不僅能讓壽司食材的味道提升，更多了份奢華感。在捏握貝類壽司時，以味噌取代山葵佐味，將能為味覺表現帶來深度。

石垣貝味噌燒

壽司料理進化論

【製作方法】

新・生魚片料理【製作方法】

鮪魚、鰹魚

燒霜鮪魚中腹肉佐柚醋凍

*彩圖請參照62頁

【材料】

鮪魚中腹肉（魚塊）…適量
洋蔥…適量
柚醋凍
柚子醋…150㎖
PEARLAGAR凝固劑…4g
山葵泥、熱水…各適量
迷你金時胡蘿蔔、蕪菁、胡蘿蔔、黃菊…各適量

【製作方法】

1 製作柚醋凍。將PEARLAGAR凝固劑加入柚子醋中並充分攪拌均勻，稍微加熱使其完全溶解後，靜置放涼。
2 製作露山葵。將山葵泥放入酒壺中，倒入熱水，並以鋁箔紙覆蓋密封。
3 將鮪魚撒鹽並插入鐵籤，直接以火炙燒並燒霜處理，接著從冰水取出，瀝乾水分。最後取下鐵籤後，切成塊狀。
4 將洋蔥切成像是扁梳的形狀，剝除最外圍的2～3片後，插入鐵籤，以火直接炙燒並撒鹽。
5 將洋蔥擺盤，接著依序放上燒霜過的鮪魚、柚醋凍，再以迷你金時胡蘿蔔、雕飾過的蕪菁、胡蘿蔔及菊花瓣做裝飾。最後淋上露山葵，增添香氣。

❖重點

露山葵的日文又稱為「乱引きわさび」。由於柚醋凍較不易與山葵泥混合在一起，因此改將山葵溶於熱水中，製成露山葵。

塊切鮪魚腹肉佐辣味蘿蔔泥

*彩圖請參照62頁

【材料】

鮪魚腹肉（魚塊）…適量
辣味蘿蔔…適量
美鹽漬蘿蔔…適量
蘘荷、澎大海、水前寺海苔、山葵泥、醬油…各適量

【製作方法】

1 將鮪魚腹肉切成方塊狀。
2 將辣味蘿蔔削皮，以磨泥器磨成泥。
3 將鮪魚擺盤，並以美鹽漬蘿蔔、辣味蘿蔔泥、裝飾蘘荷、泡水膨脹的澎大海、水前寺海苔、山葵及醬油相佐。

◎備註

美鹽漬蘿蔔是先將白蘿蔔切成圓薄片後，再浸漬於放有高湯用昆布的鹽水中製成。放入高湯用昆布後，能增加鮮味。

鮪魚肉片佐錦木

*彩圖請參照63頁

【材料】

鮪魚（魚肉片）…適量
錦木
烤海苔…適量
細柴魚片…適量
山葵泥…適量
高湯、醬油…各少許
大和芋（山藥）…適量
醬油、鹽、人工調味料…各少許
山葵葉、紅心蘿蔔絲…各適量

【製作方法】

1 使用鮪魚的帶筋肉或碎肉，切成同樣大小。
2 製作錦木。將烤海苔切碎，與細柴魚片混合，加入以高湯及醬油調味的山葵後混拌。
3 將大和芋（山藥）削皮，泡在明礬水中去除澀味。用水清洗之後磨成泥，並添加醬油、鹽、人工調味料調味。
4 於容器鋪上山葵葉，放上步驟3的山藥泥，並將鮪魚與錦木混拌後盛盤，最後於上方擺放紅心蘿蔔絲。

◎備註

錦木當中的細柴魚片可依照個人喜好添加。此外，若先將山葵以高湯稀釋，不僅能增添風味，也較容易與海苔混合。另也可以使用切剩不用的海苔。

❖**重點**
使用壽司店必備的海苔、山葵、醬油製成的「錦木」料理不僅是能讓客人稍作休息或變換口味的小菜，也相當下酒。不妨將製作方式記起，必能派上用處。

醃漬鮪魚芝麻山葵

＊彩圖請參照63頁

【材料】
鮪魚赤身（魚塊）…適量
醬油…適量
白芝麻、山葵泥…各適量
蘿蔔嬰…適量

【製作方法】
1 將鮪魚赤身切片，浸漬於醬油中。
2 將白芝麻炒到出現香氣，放冷後切碎，與山葵混拌。
3 於容器擺上漬鮪魚，並佐以2及蘿蔔嬰裝飾。

❖**重點**
將炒到有香氣的芝麻與山葵泥混拌後，非常適合與風味十足的炙燒鮪魚或嫩煎肉類料理一同品嘗。

義式昆布漬鰹魚冷盤

＊彩圖請參照63頁

【材料】
鰹魚（單側魚身）…適量
高湯用昆布…2片
鹽…少許
●白妙醋
白柚醋…250㎖
木薯粉…25g
水…2大匙
蛋白霜…1顆蛋白分量
秀珍菇…適量
吸物湯汁…適量
一味唐辛子、生薑泥、蘘荷、細蔥…各少許
特級初榨橄欖油…適量

【製作方法】
1 準備已去皮的鰹魚，切成厚片狀。於高湯用昆布撒點薄鹽，擺上鰹魚，接著再撒點薄鹽，蓋上另一片昆布，做成昆布漬鰹魚。
2 製作白妙醋。將白柚醋加熱，加入先以水溶解的木薯粉後攪拌，使其呈現稠狀。冷卻後，再拌入打發變硬的蛋白霜，並以料理棒等工具均勻混合。
3 將秀珍菇快速汆燙，浸在吸物湯汁使其入味。
4 將鰹魚及秀珍菇擺盤，淋上白妙醋，撒點一味唐辛子，再佐以生薑、蘘荷、細蔥。最後再淋上一圈橄欖油。

◎**備註**
木薯粉其實就是木薯澱粉。除了較不黏稠外，冷卻後也較不會變硬。

❖**重點①**
昆布醃漬雖較常使用於白身魚，但鰹魚及幼黑鮪等水分較多的赤身魚也相當適合以昆布醃漬。不僅能去除適量水分，更可增加風味。

❖**重點②**
白妙醋是使用吉野醋及蛋白霜，拌成如鮮奶油般的醋醬。只要使用帶有鹽味的白柚醋，就能呈現出更清爽的口感。

白身魚

昆布漬鯛佐梅枝蒜

＊彩圖請參照64頁

【材料】
鯛魚（魚身）…適量
高湯用昆布…2片
鹽…少許
梅枝蒜…適量
山葵葉、紫蘇嫩葉、粗鹽…各適量

【製作方法】
1 將鯛魚放在料理板，魚皮面朝上，蓋上布巾，澆淋熱水，接著再泡入冰水，當魚皮緊縮時，再從冰水中取出，擦乾水分後，斜切成片狀。
2 於高湯用昆布撒點薄鹽，擺上鯛魚，接著再撒點薄鹽，蓋上另一片昆布，做成昆布漬鯛魚。
3 將梅枝蒜刨成片狀，放在用昆布醃漬過的鯛魚上，並進行盛盤。最後再佐以山葵葉、紫蘇嫩葉及粗鹽。

◎**備註**
梅枝蒜是指用梅子醋浸漬的大蒜。建議可依照梅子醋的鹹度添加昆布高湯或煮過的水稀釋，接著將大蒜浸漬其中。

昆布漬比目魚佐烏魚子

＊彩圖請參照64頁

【材料】

比目魚（單側魚身）…適量
高湯用昆布…2片
鹽…少許
烏魚子、煮過的酒…各適量
美鹽漬櫛瓜、紫蘇花穗…各適量

【製作方法】

1 將比目魚斜切成片狀，擺放於撒有薄鹽的高湯用昆布上，在魚片撒點薄鹽後，蓋上另一片昆布，做成昆布漬比目魚。

2 剝除烏魚子的外膜，以研磨器磨碎，並用煮過的酒使其變軟。

3 將步驟1的比目魚與步驟2的烏魚子泥拌勻後裝盤，最後再佐以切成圓片的美鹽漬櫛瓜及紫蘇花穗裝飾。

❖重點

將烏魚子的外膜剝除，以研磨器磨碎，並用煮過的酒使其變軟。這裡的變軟是指讓烏魚子呈現黏稠狀。

山葵醋慕斯風燒霜白帶魚

＊彩圖請參照64頁

【材料】

白帶魚（帶皮的單側魚身）…適量
山葵醋慕斯
　吉野醋…100g
　蛋白霜…10g
　山葵泥…5g
棕櫚油…少許
美鹽漬紅蕪菁…適量
山葵葉…少許

【製作方法】

1 將白帶魚撒鹽，以噴槍炙燒魚皮，做燒霜處理。立刻從冰水中取出，瀝乾水分，切成正方形。

2 於吉野醋加入蛋白霜，以料理棒等工具充分攪拌，再加入山葵，製成山葵醋慕斯。

3 將步驟1的白帶魚擺盤，並放上雕飾過的美鹽漬紅蕪菁，淋上山葵醋慕斯，滴入棕櫚油後，再擺上山葵葉裝飾。

❖重點

先將吉野醋與蛋白霜充分攪拌後，再加入山葵泥會比較容易拌勻。

昆布漬石斑米紙捲日式黃芥末醋味噌

＊彩圖請參照65頁

【材料】

石斑魚（單側魚身）…適量
高湯用昆布…2片
鹽…少許
米紙…1片
大白菜、小黃瓜、食用土當歸、胡蘿蔔…各適量
生薑片…適量
青紫蘇…4片
日式黃芥末醋味噌…適量

【製作方法】

1 將石斑魚切片，擺在撒有薄鹽的高湯用昆布上，在魚片撒點薄鹽後，蓋上另一片昆布，做成昆布漬石斑魚。

2 將米紙攤平放在濕布巾上，並蓋上另一塊濕布巾，使米紙變軟。

3 將大白菜細切。小黃瓜縱切兩半後，細切成長薄片。食用土當歸削掉厚厚一層皮，稍微浸一下明礬水後，以水清洗。接著瀝乾水分，將其細切。胡蘿蔔削皮，先切成輪塊狀後，再行細切。

4 於步驟2的米紙擺上昆布漬石斑、步驟3的蔬菜、生薑片以及青紫蘇後，從邊側開始捲起。接著再以保鮮膜包覆，待形狀固定後，連同保鮮膜一起切成適當的大小。

5 盛盤後，淋上日式黃芥末醋味噌。

❖重點①

去除魚的水分後，製成帶有昆布鮮味及鹽味的醃漬昆布石斑魚。醃漬昆布的時間可以喜好調整。

❖重點②

於變軟的米紙放上石斑魚及切成適當大小的蔬菜後捲起。另也可以其他魚類或蔬菜做搭配。

塊鯛佐時蔬拼盤

＊彩圖請參照65頁

【材料】

鯛魚（單側魚身）…適量
櫻桃蘿蔔、小黃瓜、胡蘿蔔…各適量
香煎海膽、醬油漬鮭魚卵、酒盜
　…各適量

【製作方法】

1 將鯛魚切成小塊狀。

2 將櫻桃蘿蔔、小黃瓜與胡蘿蔔切絲，浸於水中片刻後，瀝乾水分。

3 於步驟1的鯛魚分別擺上步驟2的蔬菜絲，裝盛盤中。最後再於上方分別放上香煎海膽、醬油漬鮭魚卵及酒盜。

◎備註

香煎海膽必須先將鹽味海膽與蛋黃混合，蒸過後以濾

網壓成泥狀，並以焙烙＊熱煎到啪啦作響。也可以生海膽製作。

❖**重點**

將切絲的蔬菜撒在切塊的鯛魚上，讓菜絲包覆著魚肉。

煙燻喜知次佐綠醬

＊彩圖請參照65頁

【材料】

喜知次（帶皮的單側魚身）…1/2條

綠醬

小黃瓜泥…40g

吉野醋…15㎖

薄口醬油…數滴

萬願寺辣椒（紅、綠）…各少許

酢橘、山葵泥…各適量

【製作方法】

1 準備好喜知次魚身，撒上薄鹽。

2 於中華炒鍋放入煙燻用櫻木，接著放上網子。以鋁箔紙覆蓋整個鍋子後，大火加熱。當鍋內充滿煙霧後，再將喜知次以魚肚朝下的方式置於網上，再將錫箔紙確實蓋回。煙燻兩分鐘左右即可取出，以扇子搧風放冷。

3 製作綠醬。將小黃瓜磨成粗泥狀，以篩子去水後，添加吉野醋、薄口醬油調味。

4 將步驟2的喜知次切片擺盤，以火直接炙燒，切成小塊後，放上萬願寺辣椒，淋上綠醬，並佐以切半的酢橘及山葵。

◎**備註**

以吉野醋製作綠醬能使醬汁更濃稠，如此一來也較容易附著於料理上。

❖**重點**

由於是要製作生魚片而非煙燻料理，因此只須讓表面帶有煙燻香氣即可。若煙燻時間太長，會讓魚肉過熟。待中華炒鍋熱度足夠，鍋內充滿煙霧後，再將魚肉放入即可。當炒鍋在加熱時，可以鋁箔紙包覆作為鍋蓋。

亮皮魚

檸檬慕斯風醋漬小鰶魚佐甘藍

＊彩圖請參照66頁

【材料】

醋漬小鰶魚…適量

高麗菜…適量

甜醋…適量

●檸檬慕斯

吉野醋…100g

棕櫚油…數滴

蛋白霜…10g

檸檬皮…少許

紫菊…適量

【製作方法】

1 取出高麗菜芯，切絲後，醃漬於放有昆布的鹽水中，變軟後將水擰乾，接著浸漬於甜醋中。

2 製作檸檬慕斯。於吉野醋中加入棕櫚油混合調色，接著放入蛋白霜充分攪拌均勻。待拌勻後，磨入些許檸檬皮。

3 準備好醋漬小鰶魚，可依魚的大小切成兩半，並在魚皮劃出等距刀痕。

4 將步驟1擰乾的高麗菜塞入模型中，並於上方將5片醋漬小鰶魚擺放成花瓣形狀。

5 將步驟4擺上盤子，移除模型，讓檸檬慕斯由上流下，並放上以醋汆燙的紫菊。

◎**備註**

於檸檬慕斯加入棕櫚油能讓顏色更加鮮豔外，油脂的濃郁也能讓生魚片變得像是道沙拉料理。

❖**重點①**

檸檬慕斯是以帶有稠度的吉野醋及蛋白霜混拌而成。經過充分攪拌後，將能形成滑順如慕斯般的口感。再磨入些許檸檬皮，增添香氣。

❖**重點②**

將小鰶魚彎折擺放於高麗菜上，做成花的形狀。建議可使用模型，將會更好塑形。

醋漬小鰶魚菊花水仙捲

＊彩圖請參照66頁

【材料】

醋漬小鰶魚…適量

●菊花水仙

菊花…適量

昆布高湯…適量

＊焙烙：一種料理用土鍋

葛粉…適量
茼蒿…適量
柚子皮、生薑片…各適量
土佐醋…少許
紅蓼…少許

【製作方法】

1 製作菊花水仙。摘下菊花花瓣，以加有醋的熱水汆燙，取出後將水瀝乾。於葛粉加入等分量的昆布高湯並攪拌均勻，這時再加入菊花。倒入水仙鍋或料理盆中隔水加熱。當葛粉凝固時，將整個鍋子浸入熱水中，等到透明後，再放入冰水。瀝乾水分後，攤平於保鮮膜上。
2 備妥並細切醋漬小鰶魚。
3 以鹽水汆燙茼蒿，瀝乾水分後，切成容易食用的長度。
4 將小鰶魚、茼蒿、柚子皮碎末、生薑片混合，並以土佐醋調味。
5 將步驟4的湯汁瀝乾，放於步驟1上，並連同保鮮膜整個捲緊。待定型後，切成容易食用的大小，再將保鮮膜撕除。
6 擺盤並放上紅蓼。

◎備註

水仙鍋是指用來裝盛葛粉條的鍋具。附有垂直手把，鍋子本身的設計較容易沉入熱水中。

❖重點①

水仙即是指葛粉條。撒上菊花瓣製成葛粉條，最後再以保鮮膜固定。

❖重點②

將小鰶魚、茼蒿及其他食材混合後放上葛粉條，連同保鮮膜捲起。切的時候連同保鮮膜一起切會比較好切。

味噌醬油風沙丁生魚片

＊彩圖請參照67頁

【材料】

沙丁魚…適量
●味噌醬油
田舍味噌…40g
味醂…20㎖
酒…7.5㎖
砂糖…4g
生薑…少許
紫高麗菜、青紫蘇、細蔥…各適量

【製作方法】

1 製作味噌醬油。將味噌、味醂、酒、砂糖放入鍋中，以小火攪拌到出現光澤。
2 將沙丁魚以三枚切方式處理，去除腹部魚骨，拔掉小魚刺及剝除魚皮後細切。
3 將沙丁魚與切碎的生薑混合，鋪在放有紫高麗菜的容器中，淋上味噌醬油，擺放青紫蘇絲並佐以細蔥。

❖重點

將使用新鮮沙丁魚製成的房總鄉土料理「なめろう」重新變化。將與沙丁魚混拌的生薑切成細丁狀，呈現出有趣的口感。

炙燒醋味竹筴魚 佐柚子胡椒洋蔥

＊彩圖請參照67頁

【材料】

醋漬竹筴魚…適量
●柚子胡椒洋蔥
洋蔥…適量
甜醋…適量
柚子胡椒…少許
嫩葉生菜、櫻桃蘿蔔…各適量

【製作方法】

1 製作柚子胡椒洋蔥。將洋蔥切成細丁，浸漬於甜醋中，並拌入柚子胡椒。
2 準備醋漬竹筴魚，將魚皮炙燒後，斜切成片狀。
3 於容器中鋪上嫩葉生菜，擺放竹筴魚，再佐以大量柚子胡椒洋蔥，最後以切成圓片的櫻桃蘿蔔做裝飾。

❖重點

竹筴魚以鹽調味後，須再浸漬於放有昆布的醋中醃漬。帶皮炙燒，更能展現鮮味。

香煎柴魚裹漬鯖

＊彩圖請參照67頁

【材料】

醃漬鯖魚…適量
香煎柴魚粉…適量
青紫蘇、紫蘿蔔、紫蘇花穗、山葵泥…各適量

【製作方法】

1 將鯖魚去皮，斜切成片狀，裹上香煎柴魚粉。
2 於容器鋪上青紫蘇，接著擺放步驟1，以及折成四分之一大小的紫蘿蔔圓薄片，最後放上紫蘇花穗，再點以水溶解的山葵。

◎備註

香煎柴魚粉是將50g的柴魚片與200㎖的醬油混合，使其乾燥後再以焙烙熱煎，並以調理機或搗缽磨成粉狀。

❖重點

這裡的香煎柴魚粉是單純以柴魚片及醬油製成。除了醃漬鯖魚外，也可與其他多種魚類做搭配。

貝類

磯邊醬油風　牛角蛤佐海膽

＊彩圖請參照68頁

【材料】

牛角蛤（貝柱）…適量
生海膽…適量
●磯邊醬油
　生青海苔…30g
　醬油…5㎖
美鹽漬水茄子…適量
帶花小黃瓜、山葵泥、蘿蔔嬰…各適量

【製作方法】

1 將牛角蛤的貝柱切成可一口食用的大小，與海膽混拌。可使用形狀已不完整或零星剩餘的海膽。

2 將青海苔與醬油混合，做成磯邊醬油。

3 將步驟1盛盤，擺上浸漬過昆布鹽水的水茄子、帶花小黃瓜、蘿蔔嬰及山葵。另再準備磯邊醬油。

◎**備註**

除了牛角蛤可與海膽混拌外，扇貝或烏賊也相當適合。

蒸鮑魚　佐醃漬鮑魚肝

＊彩圖請參照68頁

【材料】

鮑魚…適量
鮑魚肝醃漬鹽辛…適量
生青海苔…適量

【製作方法】

1 洗刷鮑魚，去殼，並將肝臟及嘴部切下後洗淨。再將鮑魚放回殼中，接著擺上圓薄片白蘿蔔，熱蒸30分鐘左右。

2 蒸熟後，切成波浪狀並擺盤，淋上鮑魚肝醃漬鹽辛，最後擺上快速汆燙過的青海苔。

❖**重點**

鮑魚肝醃漬鹽辛的製作方式是將肝臟以大量的鹽醃漬並密封，並靜置於冰箱一星期至一個月。

青柳貝奉書捲　佐海膽醬油

＊彩圖請參照69頁

【材料】

青柳貝…適量
近江蕪菁…適量
甜醋…適量
●海膽醬油
　海膽泥…20g
　煮過的酒…5㎖
　蛋黃…1顆
蘿蔔嬰…適量

【製作方法】

1 將近江蕪菁削皮後切成長條薄片後，浸漬於鹽水中。蕪菁變軟後即可瀝乾，接著浸漬於甜醋中。

2 瀝乾步驟1的汁液，切成適當長度，並將青柳貝、蘿蔔嬰斜放於蕪菁薄片上，以捲花束的方式從側邊捲起。

3 將步驟2盛盤，淋上已將海膽泥以蛋黃及酒稀釋製成的海膽醬油。

❖**重點**

海膽醬油中，蛋黃及酒的用量可依照海膽泥本身的鹹度及個人喜好做增減。

炙燒鳥尾蛤　佐蛋黃醋

＊彩圖請參照69頁

【材料】

鳥尾蛤…2片
薄豆皮…適量
菊苣…2片
胡蘿蔔、紅心蘿蔔等雕飾…各適量
蛋黃醋…適量

【製作方法】

1 以噴槍炙燒鳥尾蛤表面，浸冰水後瀝乾。

2 將薄豆皮切成3～4㎝大小，從側邊開始捲起。

3 將菊苣擺盤，並於其上擺放豆皮及鳥尾蛤，接著淋上蛋黃醋，最後撒上切成銀杏或楓葉形狀的胡蘿蔔及紅心蘿蔔做裝飾。

❖**重點**

將炙燒過的鳥尾蛤及捲好的生豆皮擺在菊苣上，可品嘗到不同的風味口感。

日式黃芥末醋味噌　赤貝菊花蕪菁拼盤

＊彩圖請參照69頁

【材料】

赤貝…1顆
蕪菁…1顆
鹽、高湯用昆布…各適量

日式黃芥末醋味噌…適量
山葵泥…少許

【製作方法】

1 將蕪菁削皮，表面劃刀雕刻，切成菊花形狀，並將中間挖空，浸漬於放有高湯用昆布的鹽水中。

2 赤貝去殼，將貝肉及裙邊分開。橫切並展開貝肉，清除腸子。以水洗淨並瀝乾水分，於貝肉左右側入刀，切成楓葉形狀。

3 於容器鋪上菊葉，將1的蕪菁瀝乾後擺放其上，中間再擺入赤貝。最後淋上日式黃芥末醋味噌並佐以山葵。

❖重點

將蕪菁切成像菊花一樣，中間挖空並浸漬於鹽水中，使其風味更佳。

烏賊、章魚

烏賊起司捲佐三卵拼盤

*彩圖請參照70頁

【材料】

烏賊（上半截）…適量
加工乳酪…適量
烏魚子、美鹽玉子、鮭魚卵…各適量
防風草…適量

【製作方法】

1 使用已經處理分切過的烏賊，並薄切成細長條狀。一份料理須準備三片烏賊條。

2 乳酪切成長柱狀。

3 以烏賊將乳酪捲起，盛盤後，再分別擺上烏魚子、美鹽玉子、鮭魚卵。最後再以防風草做裝飾。

◎備註

美鹽玉子是將蛋黃放入鹽中浸漬2~3天製成。鹽的鹹度會轉移至蛋黃，形成濃稠口感。

松果風烏賊佐腸墨味噌

*彩圖請參照70頁

【材料】

烏賊（上半截）…適量
●腸墨味噌
烏賊內臟、烏賊墨汁（鹽味）…各適量
田舍味噌…適量
柚皮絲…少許

【製作方法】

1 準備先以鹽去腥的烏賊內臟及烏賊汁，以水洗去鹽分後，篩成泥狀。田舍味噌同樣篩成泥狀後攪拌均勻，製成腸墨味噌。

2 使用已經處理分切過的烏賊，將表面劃刀成格紋狀，以噴槍炙燒。當切面翹起時放入冰水中，接著拭去水分，切成寬3~4㎝的烏賊片。

3 將烏賊稍微凹折並擺盤，淋上腸墨味噌，再佐以柚皮絲。

◎備註

烏賊內臟加入多一點鹽，放在冰箱冷藏兩天到一個禮拜左右，除去腥味。烏賊墨汁也加入放有水和鹽的瓶子內去腥。

汆燙章魚佐松子

*彩圖請參照70頁

【材料】

章魚腳（現宰）…適量
松子…適量
大和芋（山藥）…適量
鹽、醬油、人工調味料…各少許
梅子肉…適量
食用土當歸、小黃瓜…各適量
帶花小黃瓜…1條

【製作方法】

1 章魚腳剝皮，於第一個吸盤處切下，接著切成錢幣形狀。放入70~80℃的熱水中稍微清洗。最後放入冰水中，並拭去水分。

2 松子充分油炸，瀝乾油，待冷卻後切成碎末。

3 將大和芋削皮，浸於明礬水中，用水洗淨之後磨成泥，再以鹽、薄口醬油、人工調味料調味，接著拌入梅子肉。

4 將食用土當歸與小黃瓜切成松葉狀。

5 將松葉狀的食用土當歸與小黃瓜擺盤，並將步驟1的章魚與步驟2的松子拌勻後放上，再淋上步驟3的梅子肉泥。最後佐以帶花小黃瓜及汆燙吸盤做裝飾。

人氣店的創意壽司料理【製作方法】

東京・銀座
銀座 とざき

小明蝦、原味香菇、菊花佐芝麻味噌

*彩圖請參照71頁

【材料】一盤份

小明蝦…1隻
原味香菇…1朵
茼蒿…適量
菊花…適量
白蘿蔔…適量
鹽…適量
柴魚高湯…適量

●芝麻味噌

玉味噌…50g※
白芝麻醬…10g
濃口醬油…3cc
砂糖…25g

【製作方法】

1 將小明蝦汆燙後去殼，浸漬於柴魚高湯中。
2 香菇則以鹽燒烹調。茼蒿、菊花及白蘿蔔汆燙後，同樣浸漬於柴魚高湯中。
3 製作芝麻味噌醬。於玉味噌加入白芝麻醬、濃口醬油及砂糖拌勻。
4 將步驟1與步驟2拌入步驟3的芝麻味噌醬中，最後盛盤。

◆玉味噌

白味噌…2kg
蛋黃…13顆
砂糖…135g
酒…360cc
味醂…360cc

【製作方法】

將所有材料放入鍋中以小火加熱，攪拌時，須避免燒焦，直到變黏稠為止。

銀羹香箱蟹

*彩圖請參照71頁

【材料】一盤份

香箱蟹…1隻
蕪菁（粗丁）…適量
生薑（粗丁）…適量

●銀羹

柴魚高湯…180cc
味醂…5g
鹽…2g
薄口醬油…1g
葛粉水…適量

【製作方法】

1 取下並處理香箱蟹的蟹卵（日文稱外子）後，再將蟹肉以蟹殼裝盛，並熱蒸5分鐘。
2 將葛粉之外的銀羹材料入鍋煮滾，接著再加入葛粉並熄火。
3 於鍋中放入銀羹、生薑、蕪菁加熱，最後淋於步驟1上。

鮪魚佐醃漬白蘿蔔海苔捲

*彩圖請參照72頁

【材料】一盤份

鮪魚（骨邊肉）…約20g
醃漬白蘿蔔（日文為いぶりがっこ，細切）…2片
烤海苔…1片

【製作方法】

1 將鮪魚的骨邊肉平鋪於海苔上。
2 接著放上細切的醃漬白蘿蔔後捲起。
3 切成2等份，與山葵一同裝盤。

輕炙河豚佐烏魚子

*彩圖請參照72頁

【材料】一盤份

河豚…3片
珠蔥（切段）…適量
烏魚子…適量

紅葉泥…適量
炒烏魚子（炒成粉末狀）…適量

【製作方法】

1 將河豚的表面於烤台稍微炙燒，切成薄片。
2 以河豚肉捲起珠蔥並裝盤。
3 放上細切的烏魚子及紅葉泥，最後撒上烏魚子粉。

蒸鮑魚 豆皮豆腐佐肝醬

＊彩圖請參照73頁

【材料】

鮑魚…1顆（500～600g）
昆布高湯…適量
白蘿蔔…適量
豆皮豆腐…適量
生海膽…適量
四季豆…適量
●肝醬
鮑魚肝…50g
土佐醬油…10cc
味醂…5cc
融化的奶油…10g
酒…適量

【製作方法】

1 清理鮑魚後，切下肝臟，與白蘿蔔一同放入壓力鍋，以中火加熱。當鍋內充滿壓力時，轉為小火，悶煮約一小時後熄火，並放置冷卻。
2 製作肝醬。將1取下的肝臟汆燙後，濾壓成泥，加入土佐醬油、煮過的味醂及酒混合。最後加入融化奶油，增加稠度。
3 將豆皮豆腐盛盤，薄切步驟1的鮑魚並擺上。接著佐以用柴魚高湯汆燙過的四季豆、生海膽，最後淋上肝醬。

扇貝蕪菁 栗味噌燒 佐熱烤鰆魚櫻花蝦

＊彩圖請參照73頁

【材料】

鰆魚…1片
鹽…適量
扇貝…1/2顆
蕪菁…1塊
柴魚高湯…適量
銀杏…2粒
●櫻花蝦醬
生櫻花蝦…250g
全蛋…2顆
蛋黃…2顆
洋蔥（碎末）…適量
鹽…少許
薄口醬油…適量
●栗味噌
栗子泥…400g
麵粉…50g
奶油…50g
牛奶…600cc
白味噌…100g
鹽…適量

【製作方法】

1 製作櫻花蝦醬。將生的櫻花蝦放入搗缽當中搗成泥狀，加入全蛋、蛋黃、洋蔥混合，並以鹽及薄口醬油調味。
2 製作栗味噌。汆燙已剝殼的栗子，並將其壓濾成泥狀。
3 於鍋中將奶油加熱，加入麵粉拌炒，再加入牛奶，製成白醬。
4 混合步驟2及步驟3，再加入白味噌及鹽調味。若栗子的甜度不足時，可再添加砂糖調整味道。
5 以鹽燒方式料理鰆魚，於表面塗上步驟1，並烤到帶焦色。
6 以柴魚高湯烹煮蕪菁，連同扇貝皆塗上步驟4製作好的醬料。
7 將步驟5、6擺盤，再佐以未裹粉直接油炸的銀杏。

湯霜太平洋鱈 佐蔥醬

＊彩圖請參照72頁

【材料】

太平洋鱈…1片
紫蘇花穗…適量
炸白蔥絲…適量
●蔥醬
九條蔥…1把
鹽…12g
芝麻油…少許

【製作方法】

1 製作蔥醬。將切成適當長度的九條蔥與鹽、芝麻油一同放入調理機，打成滑順的蔥醬。
2 以湯霜方式料理太平洋鱈，切成1cm的厚度。
3 裝盤後，淋上蔥醬。最後再佐以炸白蔥絲及紫蘇花穗。

涮鰤魚

*彩圖請參照74頁

【材料】

鰤魚…2片
香菇…適量
大白菜…適量
茼蒿…適量
柴魚高湯…適量
薄口醬油…少許
味醂…少許
柚子皮（切絲）…適量
黑七味粉…適量

【製作方法】

1 將鰤魚去皮，斜切成薄片。
2 於鍋內放入柴魚高湯、醬油、味醂加熱，接著放入香菇、大白菜、茼蒿。當蔬菜煮熟後，即可取出放入碗中。
3 將鰤魚稍微在步驟2的鍋內汆燙，並放入碗中。
4 佐以柚子皮，淋上步驟2的高湯。再撒點黑七味粉即可上桌。

白味噌西京風味蕪菁玉蒸蟹

*彩圖請參照74頁

【材料】

蕪菁…1顆
松葉蟹（蟹肉絲）…適量
●茶碗蒸蛋汁
蛋…1顆
柴魚高湯…160cc
鹽…少許
薄口醬油…少許
●搭配用湯汁
柴魚高湯（一番高湯*）…90cc
松葉蟹高湯…90cc
白味噌…12g
酒…5cc
薄口醬油…少許
鹽…少許
蕪菁葉醬汁…適量◆
胡蘿蔔…適量
菠菜…適量
柚子皮…適量

◆蕪菁葉醬汁

將蕪菁葉汆燙後以濾網壓成泥，加鹽調味並以調理機打成滑潤狀。

【製作方法】

1 將蕪菁削皮，挖成中空，先以熱水汆燙後，再放入柴魚高湯燉煮。
2 於蕪菁內放入松葉蟹肉及茶碗蒸蛋汁後悶蒸。
3 製作搭配用湯汁。混合以蟹殼燉煮的高湯及柴魚高湯，並將白味噌化開，接著再放入些許柴魚片增加鮮味。
4 將步驟3過濾，以酒、薄口醬油、鹽調味，並添加些許葛粉勾芡，避免味噌沉入底部。
5 將步驟2盛盤，並倒入步驟4的湯汁，接著淋上蕪菁葉醬汁。最後再放上以柴魚高湯入味的胡蘿蔔、汆燙並浸過湯汁的菠菜，以及切成松葉狀的柚子皮。

甘鯛若狹燒

*彩圖請參照74頁

【材料】

甘鯛（馬頭魚）…適量
濃口醬油…適量
味醂…適量
酒…適量
●海苔醬
紅蔥頭（切成細丁）…50g
大蒜（切成細丁）…10g
生奶油…90cc
奶油…10g
柴魚高湯…90cc
岩海苔…50g
●擺盤裝飾物
蜜汁地瓜…1顆（◆1）
滷蒜味白蘿蔔（◆2）
菊花蕪菁…1顆（◆3）
櫻桃蘿蔔……適量
芽蔥…適量
檸檬…適量

【製作方法】

1 將甘鯛撒鹽，塗抹上以濃口醬油、味醂、酒調成的醬汁，以炭火炙燒。
2 製作海苔醬。將奶油放入鍋中加熱，加入紅蔥頭及大蒜拌炒，接著加入柴魚高湯。添加生海苔，再以生奶油調整稠度。
3 於容器放入大蒜風味的滷白蘿蔔，擺上步驟1的甘鯛，並佐以步驟2的醬汁。最後放上其他擺盤裝飾。

◆蜜汁地瓜

將地瓜切成圓柱狀，並以加有砂糖、檸檬、梔子的熱湯燉煮。

◆滷蒜味白蘿蔔

將白蘿蔔放入以甘鯛魚骨熬煮的高湯中，並添加大蒜泥，燉煮10分鐘左右。

◆菊花蕪菁

將蕪菁削皮，並劃刀雕刻，浸漬於鹽水中。將醋、砂糖、鹽混合後，再加入紅辣椒，並將擦乾水分的蕪菁浸漬其中。

*一番高湯：以昆布和柴魚片熬出來並且充滿香氣的高湯。

牛舌佐辣羹

＊彩圖請參照75頁

【材料】

牛舌…1條
蔥…適量
生薑…適量
濃口醬油…適量
味醂…適量
下仁田蔥…適量
沙拉油…適量
乳牛肝菌…適量

●乳牛肝菌醬
柴魚高湯…適量
濃口醬油…適量
鹽…適量
味醂…適量

●辣羹
柴魚高湯…180cc
味醂…5g
鹽…2g
薄口醬油…2～3g
日式黃芥末…適量
葛粉水…適量

【製作方法】

1 將牛舌清理乾淨後，與蔥、生薑及大量的水一同放入壓力鍋中，烹煮一小時，並放置冷卻。
2 將步驟1的滷汁過濾，再連同牛舌一同放回鍋中，添加醬油、味醂調味後，再燉煮10分鐘。
3 將下仁田蔥放入倒有沙拉油的平底鍋中炒至帶些許焦色。乳牛肝菌則是與柴魚高湯、濃口醬油、鹽、味醂調成的湯汁燉煮。
4 製作辣羹。將材料放入鍋中煮滾，最後加入葛粉水後熄火。
5 將步驟3裝盤，再將步驟2切成容易品嘗的大小後擺上（一盤大約放兩塊）。最後淋上辣羹。

炸海老芋丸佐海膽

＊彩圖請參照75頁

【材料】

海老芋…適量
柴魚高湯…適量（能夠蓋過海老芋的分量）
鹽…適量
砂糖…適量
柴魚片…適量
麵粉…適量
蛋…適量
馬鈴薯…適量
生海膽…適量

●磯邊羹
文蛤高湯…180cc
柴魚高湯…180cc
岩海苔…40g
薄口醬油…10cc
鹽…少許
酒…20cc
葛粉水…適量

【製作方法】

1 將海老芋整顆連皮悶蒸，必須蒸熟到叉子能穿過海老芋（45分鐘～1小時）。
2 將蒸好的海老芋剝皮並放入鍋中，倒入用鹽以及砂糖調味的柴魚高湯，接著以包有柴魚片的紗布巾作為落蓋＊。悶煮三十分鐘左右後，靜置冷卻。
3 將馬鈴薯切絲，撒上麵粉油炸。
4 將步驟2搗爛揉成球狀，依照麵粉、蛋汁、步驟3馬鈴薯的順序裹上後油炸。
5 製作磯邊羹。將文蛤高湯及柴魚高湯放入鍋中，加入酒煮滾後，再加入岩海苔。以薄口醬油及鹽調味，接著再加入葛粉勾芡。
6 將步驟4盛盤，淋上步驟5的芡羹，最後再佐以生海膽。

白蝦佐肝醬

＊彩圖請參照75頁

【材料】一盤份

白蝦…約20g
魷魚肝醬…適量◆
珠蔥…適量

【製作方法】

1 將白蝦擺盤。
2 淋上魷魚肝醬，再撒上珠蔥。

◆魷魚肝醬
製作要領與烏賊醃漬鹽辛相同。先將魷魚肝抹鹽，於冰箱放置一晚，以濾網壓成泥後，再以鹽、酒、濃口醬油調味，接著加入柚子皮碎末。

＊落蓋：使用一個比鍋面積小的蓋子直接蓋在料理上煮，可避免食材散開並用少量的湯汁滲透食材。

石川・金沢　寿し割烹 葵寿し

茶碗蒸 佐松葉蟹羹

*彩圖請參照76頁

【材料】
蛋汁…適量
銀杏、香菇、蝦…各適量
蟹肉羹…適量◆
松葉蟹肉…適量
柚子皮、水芹…適量

【製作方法】
1 將蛋與和風高湯混合，以鹽調味後，製成蛋汁。將銀杏、香菇等食材切成適當大小。將蝦子快速汆燙。
2 於容器中鋪上保鮮膜，倒入步驟1的蛋汁及食材。接著將保鮮膜整個包起後，進行悶蒸。
3 將蒸好的茶碗蒸從保鮮膜取出，放入容器中。接著淋上松葉蟹羹，並佐以蟹肉、柚子皮及汆燙水芹。

◆蟹肉羹
於比例五的高湯中，加入比例分別二分之一的味醂及濃口醬油，再加入蟹肉絲後加熱。煮滾後，加入葛粉水勾芡。

酥炸牡蠣

*彩圖請參照76頁

【材料】
●炸牡蠣
生牡蠣　3顆
鹽、胡椒
蛋汁
麵粉
馬鈴薯（切絲）
●擺盤裝飾
小黃瓜（切成長條薄片）
高麗菜（切絲）
金時胡蘿蔔（切絲）
嫩葉生菜
加賀蓮藕片
迷你番茄

【製作方法】
1 洗淨牡蠣並拭乾水分，撒點鹽及胡椒後，裹上麵粉。沾了蛋汁後，以切絲的馬鈴薯包覆。
2 將步驟1放入180℃的熱油中油炸，由於馬鈴薯在油鍋中會散開，因此要以筷子固定避免馬鈴薯與牡蠣分離。
3 將炸好的牡蠣撈起。
4 將裝飾用的小黃瓜切成長條薄片，並將切絲的高麗菜、胡蘿蔔捲起。接著將其他裝飾物擺盤，放上步驟3的牡蠣後，即可上桌。

白子真丈　炙燒白子　佐柿凍

*彩圖請參照77頁

【材料】
白子真丈…適量◆
昆布…適量
鱈魚白子（精囊）…適量
柿子…適量
柚子醋…適量
紅葉泥…適量
小蔥…些許
酢橘…些許

【製作方法】
1 製作柿凍。將柿子磨成泥狀，添加柚子醋。
2 在客人點菜後，將白子真丈擺盤，並於其上擺放烤過的昆布及白子，並淋上柿凍。最後再佐以紅葉泥、小蔥及酢橘。

◆白子真丈
【材料】
鱈魚白子…300g
圓芋…80g
蛋白…1顆份
蛋黃…1顆份
太白胡麻油…適量

【製作方法】
1 將白子置於缽中搗成泥。
2 將蛋白打成霜狀。圓芋磨成泥後，與蛋白霜混合。
3 將蛋黃與胡麻油混合，並與步驟1拌勻。
4 快速混合步驟2及步驟3，過濾後，倒入罐型容器中熱蒸。

酥烤赤鮭

*彩圖請參照77頁

【材料】
赤鮭（魚塊）…3塊
鹽…適量

麵包粉…適量
甜醋漬紅蕪菁…適量
酢橘…適量
生菜…適量

【製作方法】

1 將赤鮭魚塊撒鹽後，置於烤盤炙燒。
2 快烤好時，在魚塊表面裹上麵包粉後，再放回烤盤熱烤。
3 當麵包粉烤到酥脆時即可離火，與紅蕪菁、酢橘、生菜一同擺盤。

壽喜燒風牛肉捲

＊彩圖請參照77頁

【材料】

●牛肉捲
牛肉（切長條片）
胡蘿蔔（細切）
蘆筍
金針菇
溜醬油
味醂
酒
砂糖
煎豆腐
●擺盤裝飾
滷紅蕪菁
滷金時胡蘿蔔
油菜花（汆燙）
迷你番茄◆

◆迷你番茄
將番茄汆燙後剝皮，浸漬於高湯中。

【製作方法】

1 將牛肉攤平，接著擺上細切胡蘿蔔、蘆筍、金針菇後捲起，煎到表面帶色。
2 煎好後，以瓠瓜乾綁緊避免散開，接著再與煎豆腐一同以溜醬油、味醂、酒、砂糖燉煮15～20分鐘。
3 切成適當大小後裝盤，最後再擺上裝飾物。

蓮蒸鮮鰻

＊彩圖請參照78頁

【材料】

加賀蓮藕
蛋白（霜狀）
鹽
蒲燒鰻
銀杏
●蛋羹
蛋汁
高湯
薄口醬油
鹽
葛粉水
●擺盤裝飾
山葵、柚子皮、汆燙菠菜

【製作方法】

1 將蓮藕削皮，磨成泥。將蛋白打成霜狀。
2 將步驟1的蓮藕及蛋白霜以3：1的比例混合，再撒入少許的鹽。
3 將步驟2取一人份的分量，擺上銀杏，接著擺上蒲燒鰻後，熱蒸15分鐘左右。
4 在蒸的同時，製作蛋羹。於鍋中倒入高湯汁、薄口醬油、鹽加熱，接著慢慢地轉動倒入蛋汁，再以葛粉水調整稠度。
5 將蒸好的步驟3盛盤，倒入步驟4。再佐以山葵、柚子、汆燙菠菜裝飾。

海參佐紅蘋

＊彩圖請參照78頁

【材料】

海參…適量
海參醋…適量◆
蘋果（果泥及果肉）…適量
酢橘…1顆
口子（乾燥的海參卵巢）…適量

【製作方法】

1 切掉海參嘴部，剖開腹部後取出內臟。以鹽搓揉去除外部黏液，接著以水充分洗淨。
2 於鍋中煮沸番茶，稍微將海參過水汆燙。若過熟會影響口感，因此須特別注意。
3 汆燙完後稍微靜置降溫，再以布巾擦拭水分，接著浸入海參醋中。
4 將挖空果肉的酢橘皮做成像是容器形狀，放入切好的步驟3，淋上蘋果泥。最後擺上切好的蘋果及口子做裝飾。

◆海參醋的材料分量
醋…90cc
水…90cc
濃口醬油…36cc
酒…15cc
砂糖…8g
鹽…8g
鮮味調味料…少許
辣椒…適量
檸檬汁…適量
柚子皮…適量

東京・北千住　にぎりの一歩

辣滷圓鱈

＊彩圖請參照79頁

【材料】 1～2人份

圓鱈下巴…180g
木棉豆腐…1/3塊
滷汁（味醂、濃口醬油、水、粗糖、溜醬油）…適量
泡菜…適量
白髮蔥…適量

【製作方法】

1 將圓鱈下巴霜降處理，去除腥味。
2 於鍋中放入滷汁、圓鱈下巴、木棉豆腐並煮滾。
3 盛盤後，從上方淋下滷汁，最後佐以泡菜、白髮蔥。

蟹膏豆腐

＊彩圖請參照79頁

【材料】 13～14個份

蟹膏…150g
松葉蟹絲…150g
豆漿…1ℓ
白高湯…90cc
味醂…100cc
葛粉…20g
吉利丁…15g
蟹肉…適量

【製作方法】

1 以少量的豆漿（取用自1ℓ的豆漿）讓葛粉、吉利丁溶化。
2 於料理盆放入豆漿、蟹膏、松葉蟹肉攪拌，接著再將味醂、白高湯及步驟1加入拌勻。
3 將步驟2倒入容器中（一人份100cc），以99℃的多功能蒸氣烤箱加熱25分鐘。
4 將整個容器放入冰箱中，待客人點餐時，再於最上方擺放蟹肉即可上桌。

特大燒烤星鰻

＊彩圖請參照80頁

【材料】

星鰻…1條（300～600g）
滷汁（醬油、砂糖、酒）…適量
山葵…適量

【製作方法】

1 將整條星鰻處理過後，對切成半，接著再霜降處理，並拭去水分。
2 於鍋中放入滷汁，將星鰻以背部朝下方式放入。以中火加熱15分鐘左右後熄火，然後靜置10分鐘。待降溫之後，以篩網撈起星鰻，瀝去湯汁，並放入冰箱存放。
3 待客人點餐時，再以明火烤箱將兩面烤到帶焦色。
4 裝盤後，再佐以山葵。

炸蝦丸

＊彩圖請參照80頁

【材料】 25人份

剝殼蝦…900g
洋蔥…2顆
蛋黃…2顆
沙拉油…100cc
白身魚魚漿…500g
青紫蘇…適量
太白粉…適量
天婦羅麵衣…適量
昆布鹽…適量
梅子麵線…適量

【製作方法】

1 將剝殼蝦稍微剁碎，洋蔥則切成細末。將蛋黃及沙拉油打到呈現白色。
2 將魚漿加入步驟1，塑形成丸狀，再以99℃的多功能蒸氣烤箱加熱10分鐘。
3 待客人點餐後，將切半的青紫蘇抹上太白粉，再包住步驟2的蝦丸。接著連同青紫蘇裹上天婦羅麵衣，以160℃的熱油油炸1分鐘左右。
4 將蝦丸裝盤，附上昆布鹽，接著再以未裹粉直接油炸的梅子麵線做裝飾。

合鴨里肌佐黑蒜

＊彩圖請參照80頁

【材料】
合鴨里肌…1塊
蕎麥麵沾醬…適量
黑蒜…2瓣
白髮蔥…適量
滷漬小松菜…適量◆

【製作方法】
1 備妥合鴨里肌塊，先從鴨皮下平底鍋，將兩面煎到帶焦。
2 於另一個鍋子放入蕎麥麵沾醬及合鴨里肌，先以大火熱煎5分鐘，接著再以小火熱煎8分鐘後，熄火靜置。
3 待鴨肉降溫後，切成薄片，取每份70g的分量盛盤，最後再佐以滷漬小松菜、黑蒜及白髮蔥。

◆滷漬小松菜
將汆燙的小松菜瀝乾水分後，放入柴魚高湯、味醂、濃口醬油的比例分別為10：1：1的高湯中煮滾。接著連同高湯放入密閉容器中，靜置一晚。

地瓜條佐蜂蜜奶油

＊彩圖請參照81頁

【材料】1人份
地瓜…100g
蜂蜜…適量

【製作方法】
1 將地瓜帶皮蒸熟。
2 不削皮，直接切成長條狀。接著以160℃的熱油炸1分鐘左右。
3 盛盤後，再另以容器裝盛蜂蜜，即可上桌。

炸牛蒡

＊彩圖請參照81頁

【材料】
牛蒡…適量
高湯…適量◆
砂糖…適量
太白粉…適量
美乃滋…適量
七味唐辛子…適量

◆高湯
將柴魚高湯、味醂、濃口醬油以10：1：1的比例調製

【製作方法】
1 將牛蒡以刷子充分刷淨，縱切剖半後，再切成8cm長。
2 於鍋中加入高湯、砂糖、牛蒡，以小火燉煮兩小時以上。待放涼後，再連同滷汁一起放入冰箱存放。
3 待客人點餐之後，再將步驟2的牛蒡瀝去滷汁，於表面撒上太白粉，接著以160℃的熱油油炸兩分鐘左右。
4 盛盤後，再佐以美乃滋及七味唐辛子。

蘿蔔蟹羹

＊彩圖請參照81頁

【材料】10人份
白蘿蔔…1條（1kg）
葛粉…100g
太白粉…30g
鹽…10g
五色米果…適量
分蔥…適量
蟹羹
松葉蟹絲…適量
高湯（柴魚高湯、味醂、薄口醬油比例為10：1：1）…適量
太白粉水…適量

【製作方法】
1 將白蘿蔔削皮，磨成泥狀。
2 於鍋中放入去水的蘿蔔泥、葛粉、太白粉及鹽，加熱拌勻。這時若水分不足時，則可另行添加些許高湯。
3 待所有材料凝固為一時便可熄火，放入容器中，並冷藏存放。
4 製作蟹羹。將高湯放入鍋中並煮沸，熄火後，再加入太白粉水及松葉蟹絲攪拌。
5 客人點餐時，將步驟3塑形成一顆30g的大小，裹上太白粉（另外準備），接著以160℃的熱油油炸兩分鐘左右。
6 盛盤後，淋上加熱過的蟹羹，最後再灑點五色米果及細切分蔥做裝飾。

全国天地の会
大田忠道

拌物、醋物的沾醬、淋醬

豆腐芝麻醬

與一般的豆腐拌醬相比，加入了味噌及芝麻醬後，將能成為充滿濃郁口感及風味的拌醬。

【材料、比例】
豆腐（瀝乾水分，以濾網壓成泥狀）…10　芝麻醬…2　香煎芝麻…1　白味噌…0.2　砂糖…少量　薄口醬油…少量

【搭配料理】
蔬菜拌物等各類拌物料理。

土佐醋凍

將既有的土佐醋稍作變化而成。不僅視覺上相當清爽，口感更是滑潤。非常適合與夏季料理搭配。

【材料、比例】
三杯醋…200㎖　柴魚片…15g　吉利丁片…3g
將三杯醋煮沸，加入柴魚片。熄火、過濾並放涼。接著再煮滾土佐醋，浸泡於水中，並加入吉利丁，靜置放涼。

【搭配料理】
可淋在生牡蠣、鯖魚生魚片及拌物料理上。

山椒葉味噌

能夠透過山椒葉的色澤及香氣，感受到春天氛圍的味噌醬。以玉味噌為基底，與山椒葉一同搗磨製成。

【材料、比例】
玉味噌…50g（味噌…1kg　蛋黃…10顆　酒…200㎖　味醂…100㎖　砂糖…100g
將上述材料以小火加熱拌成膏狀）
山椒葉（碎末）…20片　蔬菜汁（菠菜）…1/2小匙

【搭配料理】
蔬菜拌物等各類拌物料理。

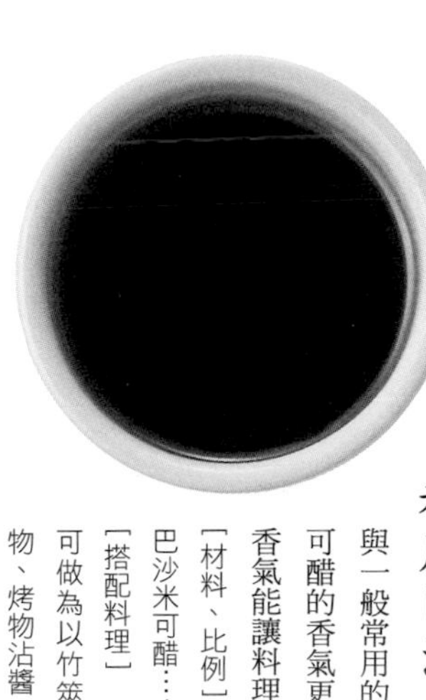

和風巴沙米可醋

與一般常用的巴沙米可醋相比，和風巴沙米可醋的香氣更佳。巴沙米可醋獨特的味道及香氣能讓料理更具特色。

【材料、比例】
巴沙米可醋…1　柴魚高湯…1

【搭配料理】
可做為以竹筴魚或秋刀魚等亮皮魚製成的醋物、烤物沾醬。

烤物用醬料

柴漬薄葛醬

結合柴漬鮮味及酸味的醬羹。不僅能運用在料理上，只要加入高湯，甚至能作為茶泡飯享用。

【材料、比例】
甜醋（水…2　醋…1　砂糖…0.5　鹽少許）
葛粉水…適量　柴漬碎末*…適量

【搭配料理】
醋物、蒸物用淋醬、茶泡飯淋醬

照燒醬

甜辣的濃稠照燒美味是此醬料的特徵。只要注意別讓水分滲入，一般可保存半年左右。

【材料、比例】
濃口醬油…0.5　溜醬油…0.5　酒…3
味醂…1　白糖…0.7　黑糖…0.3
將所有材料混合加熱攪拌，煮到稍變濃稠。

【搭配料理】
星鰻、海鰻、河豚等烤物用醬料

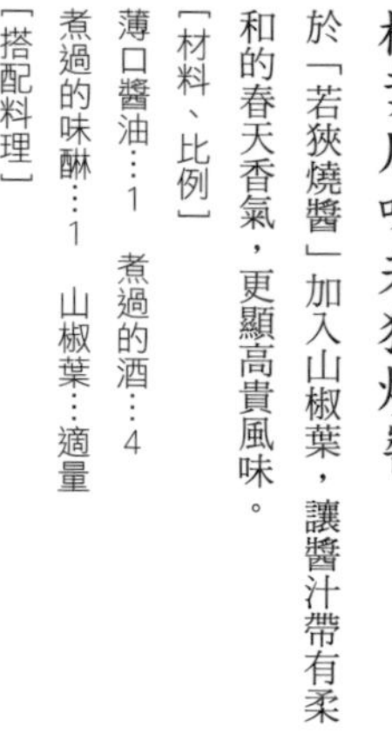

山椒葉風味若狹燒醬

於「若狹燒醬」加入山椒葉，讓醬汁帶有柔和的春天香氣，更顯高貴風味。

【材料、比例】
薄口醬油…1　煮過的酒…4
煮過的味醂…1　山椒葉…適量

【搭配料理】
白身魚或伊勢龍蝦等烤物料理用醬料

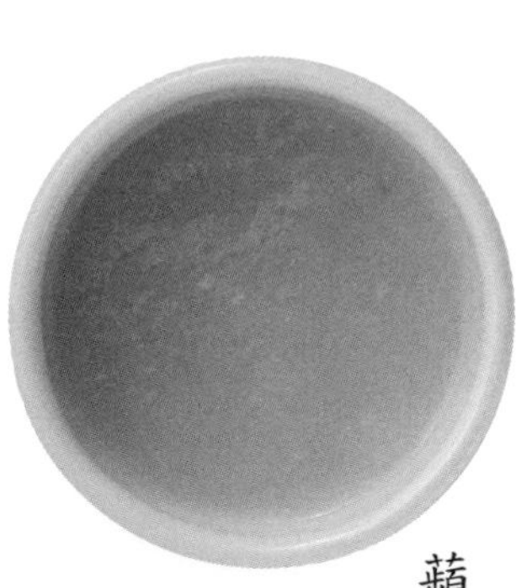

蘋果醋醬

藉由水果自然的甜味及酸味呈現出獨特美味。也可以作為甜點淋醬運用。

【材料、比例】
蘋果醋…200㎖　蘋果泥…2大匙

【搭配料理】
醋物淋醬

若狹燒醬

與「照燒醬」相比，若狹燒醬的口感較清爽。非常適合作為口味較淡的烤魚肉沾醬。

【材料、比例】
薄口醬油…1　煮過的酒…4
煮過的味醂…1

【搭配料理】
大瀧六線魚、甘鯛、鯖魚、圓鱈等烤魚料理用醬料

幽庵燒醬

常被用來作為烤魚用醃醬。相傳發明此醬汁的人是江戶時代的歌人北村祐庵，因此醬汁又名為發音與「祐庵」相同的「柚庵」或「幽庵」。

【材料、比例】
薄口醬油…1　煮過的酒…2
煮過的味醂…1

【搭配料理】
適合作為鰤魚、鯖魚、鮭魚等烤魚用醃醬

＊柴漬碎末：將茄子、小黃瓜、蘘荷、生薑細切成末，再與紫蘇葉一同醃漬的京都漬物。

柚香燒醬

於「祐庵燒醬」加入柚子製成。醬汁帶有柚子的清爽香氣，非常適合與各種魚料理做搭配。

［材料、比例］
薄口醬油…1　煮過的酒…2
煮過的味醂…1
柚子（可磨成泥或切片）…適量

［搭配料理］
血鯛等各種魚類用醃醬

海膽醬

充滿海膽香氣及濃厚風味的烤物用醃醬。可使用海膽泥，也可直接使用生海膽。

［材料、比例］
海膽泥…20g　蛋黃…1個
煮過的酒…1大匙

［搭配料理］
白身魚、薯類等蔬菜烤物用醬料

山椒風味醬

能夠享受到山椒葉香及山椒爽口風味的烤物用醃醬料，可與各種海鮮做搭配。

［材料、比例］
濃口醬油…1　煮過的酒…6
煮過的味醂…1　砂糖…1
山椒葉（碎末）…少量　山椒粉…少量

［搭配料理］
白身魚、扇貝、伊勢龍蝦、蒟蒻等烤物用醬料

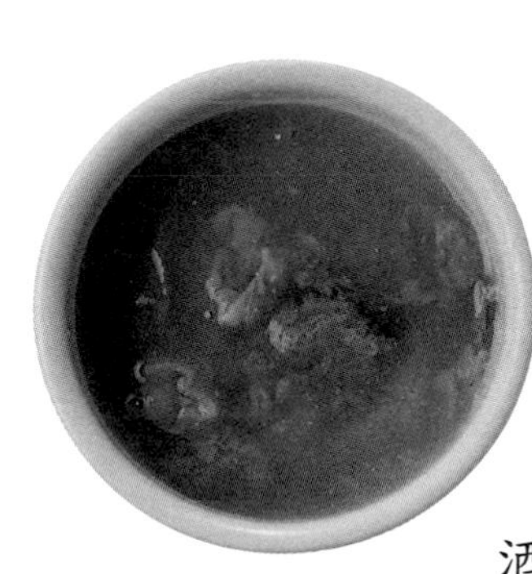

酒盜醬

常被用來作為烤物的醃醬。鹹度十足的酒盜鮮味能加深食材風味。若再加點醬油，還可用在拌物之中。

［材料、比例］
煮過的酒…1　煮過的味醂…1
剁碎的酒盜（須先過水，以酒洗淨去鹽）…1

［搭配料理］
白身魚、烏賊、章魚等烤物用醃醬

辛辣醬

味噌的香及豆瓣醬的辣將能撩起食欲。以味噌代替醬油，再加入味醂、芝麻油的話，還能變成「辛辣醬油醬」。

［材料、比例］
赤味噌…2　白味噌…8　煮過的酒…2　砂糖…0.2　濃口醬油…少量　豆瓣醬…適量

［搭配料理］
雞肉等烤物用醬料、拌物用醬（玉味噌加入豆瓣醬製成）

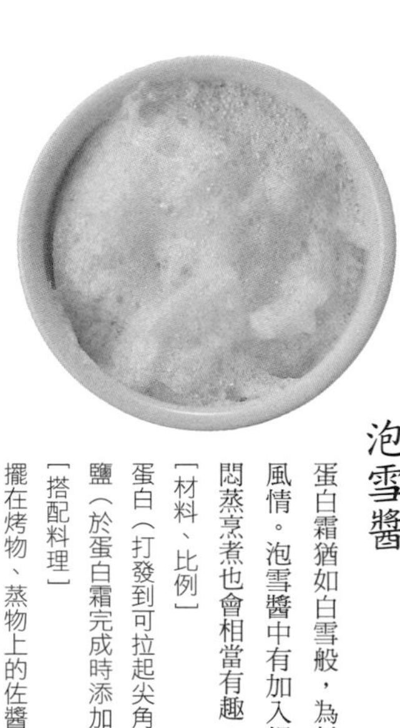

泡雪醬

蛋白霜猶如白雪般，為料理帶來季節氛圍及風情。泡雪醬中有加入銀杏及栗子提味，用悶蒸烹煮也會相當有趣。

［材料、比例］
蛋白（打發到可拉起尖角的程度）…1
鹽（於蛋白霜完成時添加）…少量

［搭配料理］
擺在烤物、蒸物上的佐醬

滷、蒸料理用湯汁、醬汁

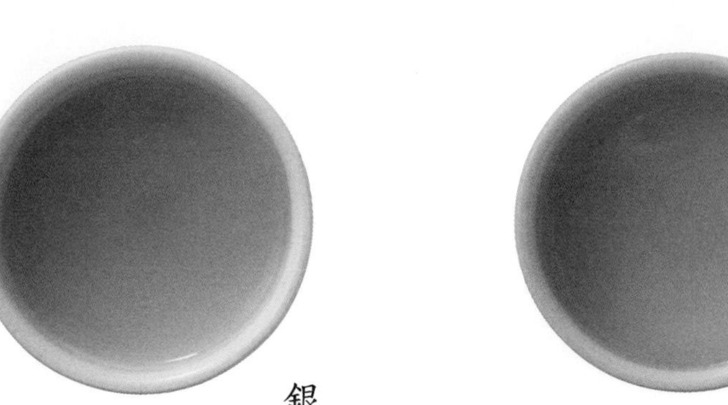

薄口八方汁

可用在滷物的滷汁、沾麵醬汁、燉飯等各種料理，其中更適合與要特別呈現食材本身風味及顏色的料理做搭配。

[材料、比例]
高湯…10　味醂…1　薄口醬油…0.8
酒…0.5　鹽…少量

[搭配料理]
滷蔬菜的滷汁、沾麵醬汁

銀羹

以薄口八方汁勾芡製成。淋在滷物或蒸物上，不僅能讓口感滑順，更可讓味道更加融合。

[材料、比例]
高湯…10　味醂…1　薄口醬油…0.8
酒…0.5　鹽…少量　葛粉水…少量

[搭配料理]
滷物、蒸物用淋醬

赤味噌羹

味噌的口感及香氣非常適合淋在蔬菜類等口味較淡的料理上。味噌的用量須視鹹度而定。

[材料、比例]
白八方汁（高湯8杯　鹽2小匙　味醂0.8　酒0.2）…200㎖　赤味噌…約10g　濃口醬油…少量　葛粉水…適量

[搭配料理]
薯類等蔬菜田樂燒、蒟蒻田樂＊燒淋醬

濃口八方汁

味道較濃的滷蔬菜、燉魚、天婦羅沾醬等，只要調整高湯比例，就能運用在各種料理中。

[材料、比例]
高湯…10　味醂…1　濃口醬油…0.8
酒…0.5　鹽…少量

[搭配料理]
燉魚、滷蔬菜用滷汁

鱉甲羹

將濃口八方汁勾芡，製成如鱉甲殼顏色的美麗羹汁。若再撒上汆燙過的菊花，又可變成菊花羹。添加菇類的話，就成了香菇羹。

[材料、比例]
高湯…10　味醂…1　濃口醬油…0.8　酒…0.5
鹽…少量　生薑汁…少量　葛粉水…少量

[搭配料理]
淋在滷物、蒸物料理上

白味噌羹

將赤味噌改為白味噌製成的羹汁。若再添加山椒葉、柚子等能充分享受香氣的食材，將能體驗味道的變化。

[材料、比例]
白八方汁…200㎖　白味噌…約10g
薄口醬油…少量　葛粉水…適量

[搭配料理]
田樂料理用淋醬

＊田樂：是指將豆腐、芋頭、茄子等食材以竹籤串叉起熱烤的料理。

山椒葉味噌羹

於白味噌羹加入山椒葉，就能成為充滿春天柔和風味的羹汁。除了適合與滷物做搭配外，也可做為蒸物用羹汁。

【材料、比例】

白八方…200㎖　白味噌…約10g
薄口醬油…少量　葛粉水…適量
山椒葉（碎末）…適量

【搭配料理】

滷物、蒸物用羹汁

菠菜羹

淋上顏色美麗的羹汁後，就能讓料理更吸引人。除了與滷物或蒸物做搭配外，也可淋在烤物上。

【材料、比例】

白粥…10　菠菜汁…2～3　薄口醬油…少量

【搭配料理】

白身魚或蔬菜類的滷物、蒸物、烤物

梅粥羹

梅子肉的清爽風味非常適合與夏季料理做搭配。由於會使用白粥製作，因此無須另行勾芡。

【材料、比例】

白粥（米1　水10）…10　梅子肉（先將梅乾刺出許多小洞，並過水去鹽）…0.5～0.8

【搭配料理】

甘鯛等蒸物料理用羹汁

南京羹

帶鮮黃色的奇特羹汁。特徵在於南瓜的甜味及濃郁表現。除了可用在滷物或蒸物料理外，也可做為炸物的淋醬使用。

【材料、比例】

白粥…10　南瓜（汆燙並以濾網壓成泥狀）…10　鹽…少量

【搭配料理】

滷物、蒸物用羹汁、炸物淋醬

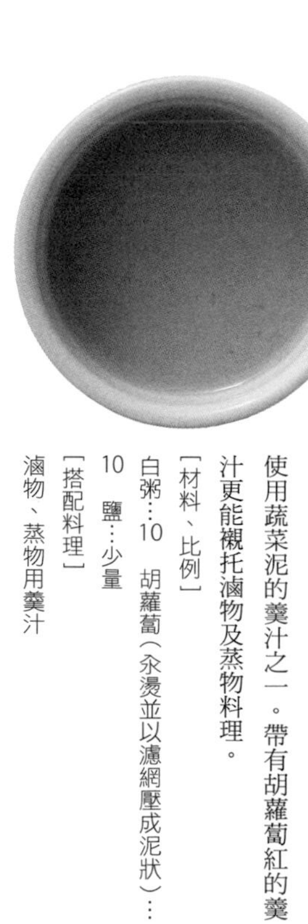

胡蘿蔔羹

使用蔬菜泥的羹汁之一。帶有胡蘿蔔紅的羹汁更能襯托滷物及蒸物料理。

【材料、比例】

白粥…10　胡蘿蔔（汆燙並以濾網壓成泥狀）…10　鹽…少量

【搭配料理】

滷物、蒸物用羹汁

（依照書中順序）

博多　太兵衛鮨
福岡県福岡市博多区古門戸町 2-6
092-271-1845

グルメにぎり　寿し吉
大阪府大阪市生野区鶴橋 2-7-5
06-6712-6078

鮨 おちあい
東京都中央区銀座 7-13-1　ステージ銀座 2 階
03-5565-0277

おけい鮨
愛知県名古屋市名東区上社 2-71　本郷第一ビル 1 階
052-774-1789

鮓 あさ吉
大阪府大阪市西区新町 4-10-22
ライオンズマンション 1 階
06-6534-4144

Ｏｋａｍｏ＇ｓ 和風ｄｉｎｅｒ
東京都江東区富岡 1-5-7　ムサシヤビル 2 階
03-3630-4939

和風創作料理　鶴すし
東京都豊島区巣鴨 3-37-1
03-3918-3495

すし幸
福岡県福岡市中央区港 2-11-18　1 階東側
092-761-1659

日本料理　寿司　丸萬
滋賀県大津市大江 3-21-9
077-545-1427

馬渕大阪鮨支店
静岡県静岡市駿河区馬渕 3-14-24
054-285-3654

すし遊膳　ゆう彩華
埼玉県越谷市東越谷 10-44-3
048-965-1700

松乃寿司
新潟県十日町市寅甲 103-1
025-757-2234

ＩＮＤＩＧＯ８５
栃木県宇都宮市江野町 1-15
028-651-0085

鮨　竹若　別館
東京都中央区築地 2-14-8
03-3546-9113

天柳鮨
佐賀県多久市北多久町大字小侍 281-1
0952-75-2506

日本橋
北海道苫小牧市桜木町 4-15-7
0144-76-7777

あるにあらむ
大阪府大阪市阿倍野区阿倍野筋 1-1-43
あべのハルカス近鉄本店　タワー館 9 階
06-6627-7370

日本料理　千仙
千葉県柏市旭町 1-1-12
0471-46-7000

銀座　とざき
東京都中央区銀座 8-5-21
かわばたビル新館 2 階
03-3572-6060

寿し割烹　葵寿し
石川県金沢市長田 1-5-46
076-221-8822

にぎりの一歩
東京都足立区千住 3-52
03-3870-5251

協助採訪店家列表

姫沙羅
北海道札幌市中央区南六条西4丁目
プラザ6・4ビル4階
Tel. 011-520-5656

鮨処　きく寿司
愛知県西尾市永吉3丁目2
0563-57-2205

梅丘寿司の美登利総本店　本館
東京都世田谷区梅丘1-20-7
03-3429-0066

鮨匠ＳＡＫＵＲＡ
神奈川県川崎市川崎区東田町4-45　2階
044-200-8145

鮨　おじま
東京都中央区銀座6-6-19　新太炉ビル地下2階
03-6228-5957

鮨　喜奈古
東京都八王子市元本郷町1-1-2
0426-25-2008
http://www.h4.dion.ne.jp/~kinako/

すし屋の花勘
東京都葛飾区お花茶屋1-19-11
03-3838-3938

金寿司
北海道札幌市中央区北二条東7丁目
011-221-2808

池之端不忍池畔　英多郎寿司
東京都台東区池之端2-1-45　パシフィックパレス101
03-3828-5472

大人和食　いちりん　新宿店
東京都新宿区新宿5-12-1
03-3358-9774

寿司の 次郎長
福岡県福岡市東区香椎駅前3-3-1
092-661-4646

弘寿司
宮城県仙台市太白区越路16-1
022-213-8255

ビストロ　鮨勝
青森県弘前市桶屋町5　グランドパレス1号館入口
0172-34-7163

創作すし酒房　卓
岐阜県岐阜市折立909-1
058-234-4390

金澤玉寿司　総本店
石川県金沢市片町2-21-19
076-221-2644

すし処　江戸翔
東京都荒川区荒川2-1-6
03-3806-3299

鮨匠　岡部
東京都港区白金台5-13-14
03-5420-0141

鮨・和　空
福岡県福岡市西区宮浦1147-3
092-805-9007

江戸前　喜楽鮨
東京都小平市学園東町1-8-4
042-341-6781

海力
大阪府大阪市東成区中道2-4-4　森之宮光栄ビ1階
06-6974-1239

鮨・割烹　丸伊
新潟県新潟市中央区東堀通8-1411
025-228-0101

桜すし　本店
愛知県名古屋市東区赤塚町3-9
052-931-9427

TITLE

新元素・新技術 進化的壽司料理

STAFF

出版	瑞昇文化事業股份有限公司
編著	旭屋出版編輯部
譯者	蔡婷朱
總編輯	郭湘齡
責任編輯	徐承義
文字編輯	黃美玉　蔣詩綺
美術編輯	孫慧琪
排版	曾兆珩
製版	明宏彩色照相製版股份有限公司
印刷	皇甫彩藝印刷股份有限公司
法律顧問	經兆國際法律事務所　黃沛聲律師
戶名	瑞昇文化事業股份有限公司
劃撥帳號	19598343
地址	新北市中和區景平路464巷2弄1-4號
電話	(02)2945-3191
傳真	(02)2945-3190
網址	www.rising-books.com.tw
Mail	deepblue@rising-books.com.tw
初版日期	2018年4月
定價	450元

國家圖書館出版品預行編目資料

新元素.新技術：進化的壽司料理 / 旭屋出版編輯部編；蔡婷朱譯. -- 初版. -- 新北市：瑞昇文化, 2018.05

120面；21x28公分

ISBN 978-986-401-237-4(平裝)

1.食譜 2.日本

427.131　　107004837